基于迁移学习技术的
计算机视觉算法

陈俊杰◎著

中国铁道出版社有限公司
CHINA RAILWAY PUBLISHING HOUSE CO., LTD.

内容简介

本书基于国家自然科学基金项目和江西省自然科学基金项目研究成果，以图像分类、语义分割和姿态估计这些有代表性的视觉任务为例，研究使用迁移学习技术帮助模型用更低廉的数据学习更多的新类别，以及用更易得到的测试数据来保持模型的测试性能。本书分为八章，主要内容包括计算机视觉技术的现状与迁移学习方法的作用；计算机视觉与迁移学习技术的基础知识；基于相似度迁移的细粒度分类模型及其实验效果；基于相似度迁移的语义分割模型及其实验效果；如何使用迁移学习技术来降低深度学习模型对于测试样本收集的完整信息的依赖，从而让模型能够应用于那些难以获取某些信息的广阔场景中；如何学习可迁移的关键点及链接，从而实现对任意类别物体的姿态估计；如何学习可迁移的提示与关联，仅用微量样本来实现准确的姿态估计。

本书内容先进，结构清晰，对关键的问题进行了详细的数学论述，并给出了大量的图示和性能对比表格，以易于读者理解。本书适合作为高等院校计算机科学与技术和其他相关专业“数字图像处理”和“计算机视觉”课程的教学参考书，也可供对迁移学习和计算机视觉领域感兴趣的人员参考。

图书在版编目（CIP）数据

基于迁移学习技术的计算机视觉算法 / 陈俊杰著. 北京：中国铁道出版社有限公司，2024. 12. -- ISBN 978-7-113-31853-6

Ⅰ. TP302. 7

中国国家版本馆 CIP 数据核字第 20240QH170 号

书　　名：基于迁移学习技术的计算机视觉算法
作　　者：陈俊杰

策　　划：曹莉群　　**编辑部电话：**（010）63549501
责任编辑：贾　星　彭立辉
封面设计：刘　颖
责任校对：苗　丹
责任印制：赵星辰

出版发行：中国铁道出版社有限公司（100054，北京市西城区右安门西街 8 号）
网　　址：https://www. tdpress. com/51eds
印　　刷：北京盛通印刷股份有限公司
版　　次：2024 年 12 月第 1 版　2024 年 12 月第 1 次印刷
开　　本：770 mm×1 000 mm 1/16　**印张：**9　**字数：**157 千
书　　号：ISBN 978-7-113-31853-6
定　　价：60. 00 元

前　言

近年来，计算机视觉和深度学习技术的不断进步，极大地推动了各种应用的发展和落地，自动驾驶和智能机器人等科幻梦想已经变为现实产品。但目前这个巨大的进步通常依赖于特定应用场景下充足的训练数据和完整的测试数据，并且这些数据大多需要高昂的成本来标注或收集。然而，现实世界中的应用场景多种多样，且在持续不断地发展，所以昂贵的训练数据和完整的测试数据便成了目前严重制约计算机视觉技术进一步发展的瓶颈。迁移学习技术是缓解数据瓶颈的有效手段，它旨在从已有精细标注的数据集中提炼通用的信息来帮助深度学习模型更好地应对缺少标注数据的训练场景或缺少完整数据的测试场景。基于此，深度学习模型可以在新的学习场景下减少对精细标注的训练数据或完整测试数据的依赖程度，从而有更低廉的拓展成本及更广阔的应用空间。

本书基于国家自然科学基金项目和江西省自然科学基金项目研究成果，以图像分类、语义分割和姿态估计这些有代表性的视觉任务为例，研究使用迁移学习技术帮助模型用更低廉的数据学习更多的新类别，以及用更易得到的测试数据来保持模型的测试性能。本书主要内容及贡献概括如下：

（1）提出基于相似度迁移的弱样本细粒度分类方法。该方法充分利用为基础种类已准确标注的训练数据学习语义相似度，并将其迁移来辅助模型从低廉易得的网络图片中学习新种类。提出使用样本权重和图正则化两个策略，通过迁移的相似度为网络图片去噪。同时，提出使用对抗损失代价函数进一步增强相似度的可迁移性。该工作可以用更低的数据成本更好地从基础种类拓展学习识别更多的新种类。

（2）提出基于双重相似度迁移的弱样本语义分割方法。该方法充分利用为基础种类已标注的带像素级语义标签的数据学习语义相似度，并将其迁移来帮助模型从低廉的仅带图片级标签的数据中学习分割新种类。提出使用迁移来的“区域和像素”相似度为新种类预测分割结果，使用迁移来的“像素和像素”相似度为新种类提供像素级监督。同时，提出一个补集代价函数帮助模型学习分割新种类。该工作可以用更低的标注成本更好地从基础种类拓展学习分割更多的新种类。

（3）提出基于双重注意力迁移的带特权信息的场景识别方法。该方法在训练阶段将模型注意力从深度模态迁移到 RGB 模态中，所以在仅有 RGB 模态的测试阶段也能预测深度模态的注意力，补足 RGB 模态中的信息，从而提升分类性能。并且，提出同时迁移并融合两种注意力机制以进一步增强模型的性能。该工作能够更好地应用于那些难以准确获取深度数据的广泛实际场景中。

(4) 提出一种基于关键点和链接迁移的类别无关姿态估计方法，可直接预测物体的姿态，包括关键点坐标、坐标点可见度和坐标点之间的链接关系。并且，提出基于协同匹配的自适应监督，可增强关键点的语义一致性关系。该工作无须参考样本也可为新类别物体预测完整姿态。

(5) 提出基于提示迁移与关联迁移的极小样本姿态估计方法，可在充分利用深度扩散模型的基础上，仅凭少量标注图像就能对新类别图像进行关键点定位。同时，利用新类别的无标注图像来提升姿态估计结果的准确性。

本书共八章，各章主要内容概括如下：第 1 章论述了计算机视觉技术面临的难题和迁移学习的概念及应用场景，并针对问题提出了基于迁移学习技术的解决方案。第 2 章论述了本书所提出的计算机视觉与迁移学习方法的必备基础知识，以便于在后续的内容中可以更紧凑地描述属于本书方法的创新点和贡献点。第 3 章论述了基于相似度迁移的弱样本细粒度分类。该工作充分利用现有的带准确分类标签的训练数据辅助深度学习模型从成本低廉的网络图片中学习识别新种类。在该学习模式下，提出了基于相似度迁移的模型算法。第 4 章论述了基于相似度迁移的弱样本语义分割。该工作充分利用现有的带像素级语义标签的训练数据来帮助深度学习模型从成本低廉的仅含图片级语义标签的训练数据中学习分割新种类。第 5 章论述了基于注意力迁移的带特权信息的场景识别。该工作将深度信息作为特权信息，并提出了基于双重相似度迁移的模型算法。第 6 章论述学习可迁移的关键点和连接方法，可估计任意物体姿态。第 7 章通过学习可迁移的关键点提示与迁移，实现极小样本条件下的姿态估计。第 8 章总结了本书的研究内容和实验结论，并讨论和展望了本书基于迁移学习的计算机视觉技术的未来方向与发展。

在撰写本书的过程中，参考了国内外众多研究者的文献资料，衷心地感谢他们对迁移学习和计算机视觉领域的贡献。同时，也非常感谢中国铁道出版社有限公司的支持和编辑团队的辛勤工作。本书受国家自然科学基金（批准号 62402201）和江西省自然科学基金资助项目（项目编号 20242BAB21006）资助出版。

最后，衷心希望本书能够给读者带来启发，引发更多有意义的研究工作。著者也相信，迁移学习与计算机视觉技术将得到进一步的发展，造福社会。

由于著者水平有限，疏漏与不妥之处在所难免，欢迎各位读者批评指正。

著者

2024 年 6 月

目 录

第 1 章 绪　论

计算机视觉是人工智能领域中最有活力的子领域之一，有着重大的研究价值与广泛的应用场景。本章首先介绍当今计算机视觉技术所面临的难题，并总结迁移学习的概念和应用场景，最后阐明本书的研究重点和解决方案。

1.1　计算机视觉技术面临的难题

正如视觉是人类等智能体感知世界的一个重要手段，计算机视觉是人工智能系统感知信息的重要渠道，也是目前人工智能研究的核心问题之一。近年来，深度学习技术的突飞猛进极大地支撑了计算机视觉技术的发展，在各个应用和领域中取得了许多振奋人心的成就。在学术研究方面，目前的深度学习模型在各种视觉任务中大放异彩，例如，在数百数千种图像分类任务上展现出与人类相当的性能，也在数十数百种图像语义分割任务上展现出优异的性能。在现实应用方面，各种以计算机视觉技术为主的应用也逐渐深入人们的日常生活，如图 1.1 所示。例如，智能驾驶可以极大地方便人们的日常出行，智能医疗可以显著地提高医疗水平，工业视觉可以进一步促进生产力发展。并且，这些应用和产品也随着计算机视觉技术的持续发展而继续地拓宽和延伸，将为现实世界注入更多的活力。

以深度学习为主的计算机视觉技术目前取得了巨大的成就，这通常依赖于特定应用场景下大量精细标注的训练数据以及精细收集的完整测试数据。一方面，对于深度模型所需的训练数据，例如，ImageNet 数据集含有超过 1 400 万张带有准确图片标签的训练数据，而 COCO 数据集含有超过 10 万张带有像素级语义标签的训练数据。这些带精细标注的数据集都需要花费大量的成本来构建，却只能覆盖特定的类别（如 1 000 类和 80 类），远不能覆盖现实世界中的繁多种类。随着现实世界中应用需求的不断拓展，为持续增长的每个新种类都提供大量精细标注的训练数据则有着无法承担的高昂成本，所以目前深度学习模型对于精细标注的训练数据的依赖严重制约了计算机视觉技术的进一步发展。

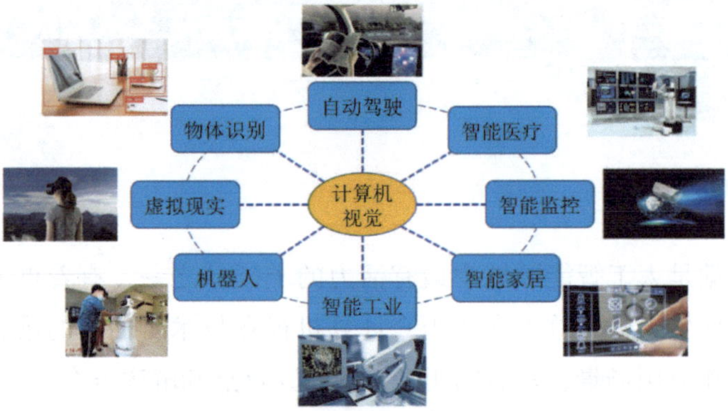

图 1.1　计算机视觉领域中的各种应用示意图

另一方面，对于深度模型所需的完整测试数据，例如深度学习技术，可以从 SUN RGB-D 等多模态数据集中学习得到较好的场景识别模型，但该模型在测试阶段需要同时输入 RGB 图片和深度图片。然而，准确的深度图片需要专业且复杂的拍摄设备，所以较难在广泛的实际应用中方便且可靠地获得完整的 RGB-D 数据。因此，目前深度学习模型对于完整的测试数据的依赖限制了计算机视觉技术在更广泛的场景中应用。

上述两个问题可以总结为“标注数据瓶颈”和“完整数据瓶颈”这两个数据瓶颈问题，有效地缓解这两个问题可以极大地提升模型的拓展效率和应用范围。

针对上述问题，本书旨在研究利用迁移学习技术来缓解计算机视觉领域中深度学习模型对于昂贵的训练数据和完整的测试数据的依赖，从而使得深度学习模型能拥有更低廉的拓展成本以及更广阔的应用场景。具体来说，迁移学习技术致力于从数据中学习通用的信息并将其从源域迁移到目标域，从而使得目标域中的信息得到增强。所以，迁移学习让深度学习模型在精细标注的训练数据缺失时或完整的测试数据缺失时，能够利用其他域的信息学习图像中的内容。鉴于迁移学习技术的巨大应用价值，研究者们近年来也对迁移学习技术进行了广泛的探索和深入的研究，提出了许多极具影响力和实用性的学习模式及模型算法。

1.2　迁移学习的概念和应用场景

迁移学习的概念起源于人类的认知心理学，它是智力的一个基本组成部分。人类可以从已学习的知识当中归纳一些规律来举一反三，从而快速认识和学习新的事物。鉴于这种智能机理，研究者们最早于 1995 年的 NIPSWorkshop 会议对“学会学习”这一主题进行了深入讨论，希望在机器学习领域中引入迁移学习的概念，从而赋予计算模型能复用知识的能力，提升计算模型对于新知识的学习效率，降低计算模型对于新知识的学习成本。如图 1.2 所示，经典机器学习模式都是从特定任务的数据中学习关于特定任务的计算模型，而迁移学习旨在从已有的源域中学习通用知识并将其迁移用来帮助目标域中新任务的计算模型的学习。随着近年来迁移学习中源域和目标域的范畴不断拓展和持续延伸，现代迁移学习有着多样的形式及广阔的场景，综述文献将迁移学习总结为 3 个主要的类型：归纳式迁移学习、直推式迁移学习、无监督迁移学习。从具体的应用场景来说，迁移学习的代表性场景包括域适应、蒸馏学习、多任务学习、持续学习、零样本学习、小样本学习。并且，迁移学习可用于各种视觉任务来缓解具体应用下的数据短缺等问题，例如与图片分类、目标检测、语义分割、实例分割、目标跟踪、行人重识别等任务相结合。所以，在迁移学习这个大主题下有着极度深厚的内涵和丰富的内容。

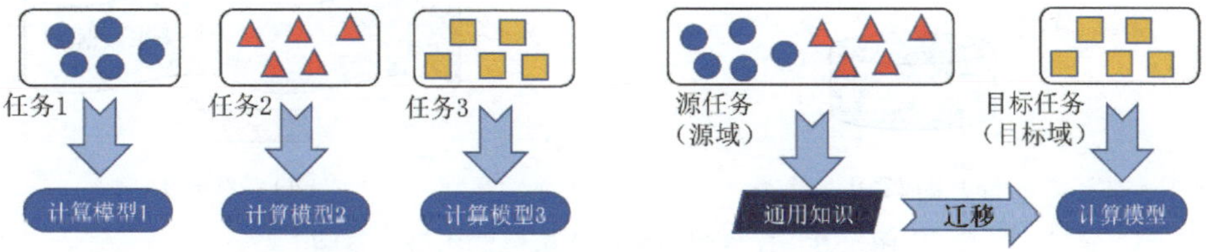

（a）经典机器学习的学习过程　　（b）迁移学习的学习过程

图 1.2　经典机器学习和迁移学习的对比示意图

本节介绍一些与本书研究内容相关领域的研究现状，更为详尽的介绍可以参考迁移学习相关期刊的综述。本书侧重于研究使用迁移学习技术来缓解“语义种类持续增加的情况下带精细标注的训练数据成本高昂”及“测试样本的完整数据难以获得”这两个有代表性及普遍性的问题，并选择“图片分类”和“语义分割”这两个最具代表性和应用价值的计算机视觉任务来进行研究。本节首先对迁移学习这个大领域进行概述，然后对与“迁移学习、图像分类和分割”密切相关的领域的研究现状进行详细介绍和讨论。

1.2.1 迁移学习概述

这里在迁移学习这个大主题下对一些有代表性的学习场景进行介绍和讨论，以便读者对关于迁移学习的形式、方法、场景、用途等方面有总体的理解。

(1) 域适应：域适应是一个最具代表性的学习场景，其允许训练数据和测试数据如图 1.3(a) 所示。在这种情况下，计算模型往往难以泛化适应测试数据，而域适应旨在消除训练数据和测试数据之间的域差异，从而使得计算模型的泛化性能得到提升。早期的方法往往使用最大平均差异、沃瑟斯坦度量、协方差对齐、对比域差异来作为距离函数以最小化两个域之间的差距。而近期的深度学习方法则使用卷积网络、自编码器、对抗网络等方式来弥合两个域之间的差距。

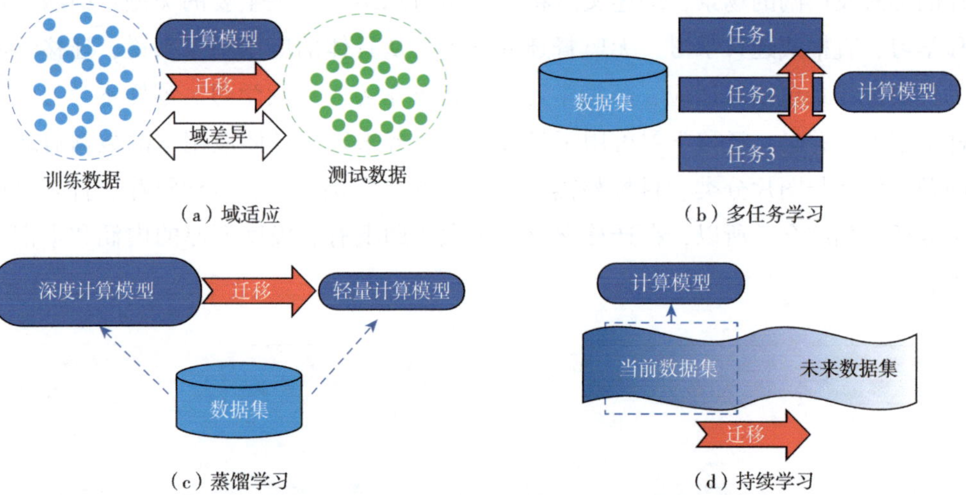

图 1.3 迁移学习中有代表性的类型示意图

(2) 多任务学习：假设不同的学习任务之间有可复用、可互补的知识，则让计算模型同时学习多个任务可以用来提升模型的综合能力，其学习场景如图 1.3(b) 所示。经典的多任务学习方法有多任务前馈神经网络，它使用共享的输入层接收训练样本，然后为每一个任务分配一个单独的输出单元，网络中间层将会提取共享特征，使得所有任务可从中受益。近年来，也有许多深度学习工作使用深度网络来建模共享的输入层和任务相关的输出层。此外，对抗学习也被用在多任务学习中，要求网络提取出能混淆各个任务的特征，使得特征的共享性得到增强。更进一步，Han 等人假设对于多个任务有一些层级或者树形的结构知识，并以此来设计一些正则化项来更好地约束多任务学习中各个任务之间的关系。

（3）蒸馏学习：考虑到深度计算模型往往具有较大的计算量而难以应用于实际场景，所以侧重于研究将大模型学习到的知识迁移到轻量的计算模型中，从而获得一个兼具应用性能和计算效率的深度学习模型，其学习场景如图 1.3(c) 所示。蒸馏学习的早期思想被 Bucilua 等人提出，它使用小型模型来模仿大型模型或集成模型的功能，从而将知识迁移到小模型中。后来，Hinton 等人正式提出蒸馏学习的概念，其中小型轻量模型同时具有数据标签的监督以及大型深度模型的软标签的监督，所以能够同时具备计算效率和优异性能。沿袭同样的思路，Passalis 等人将大型深度模型的标签建模成概率分布并使用散度来作为距离函数完成知识的迁移。Tian 等人进一步考虑多个样本之间的关系来指导小型深度模型的蒸馏学习。而 Park 等人将对比学习和蒸馏学习进行结合，提出了一个对比性的目标函数来进行知识迁移。

（4）持续学习：考虑到现实应用中的场景往往是持续发展并变化的（如类别增加或任务增加），所以侧重于研究设计具有持续学习能力和快速适应新任务的计算模型，其学习场景如图 1.3(d) 所示。早期的持续学习方法通常利用一些固定的特征集合来应对变化。例如，Ruping 等人基于支持向量机分类器来保留从旧数据中学习到的支持向量，再和新数据一起学习新的决策边界。另一些有代表性的方法，首先使用可线性分解的分类器或最邻近类均值分类器，然后通过逐渐更新那些分解出的基底或类均值来使得模型适应变化的场景。近年来，一些深度学习方法使用深度神经网络来联合学习任务相关的特征和分类器，但容易遗忘旧数据集中的知识。为此，Li 等人提出使用结合蒸馏代价函数和标准的交叉熵代价函数来保留模型在旧任务上的性能。在此基础上，Rannen 等人提出使用自编码器更好地保留旧数据中的知识。

由此可见，迁移学习技术有着广泛的应用场景和较高的应用价值，对于计算机视觉和人工智能技术的进一步发展有着至关重要的作用。关于迁移学习更详细和全面的介绍可以参考迁移学习相关期刊的综述，本书由于篇幅所限不再赘述。接下来，介绍各个与本章研究主题密切相关的迁移学习场景及其在对应视觉任务中的应用，包括零样本图像分类和分割、小样本图像分类和分割、带特权信息的学习。

1.2.2 零样本图像分类和分割

零样本学习侧重于研究种类数量增加而无须训练图片来学习新种类的场景，

属于跨类别的迁移学习。如图 1.4 所示，零样本学习假设有一些没有交集的基础种类 $\mathcal{C}_b$ 和新种类 $\mathcal{C}_n$，其中第 i 个基础种类同时含有充足的图片样本 $\{\boldsymbol{x}_{i,n}\}_{n=1}^{N}$ 和语义描述特征 $\boldsymbol{s}_i$，第 j 个新种类只含有语义描述特征 $\boldsymbol{s}_j$ 而无须含有图片样本。零样本学习中的语义描述特征可以是一些从文本描述中提取的词向量或一些人工标注的属性，所以零样本学习可通过语义描述作为桥梁来建立视觉图像和新种类之间的语义联系，从而学习新种类。例如，人们如果没有见过大象或其图片，但可以由“长长的鼻子”和“硕大的身躯”等语言描述认识大象，并在看见大象的时候做出正确识别。

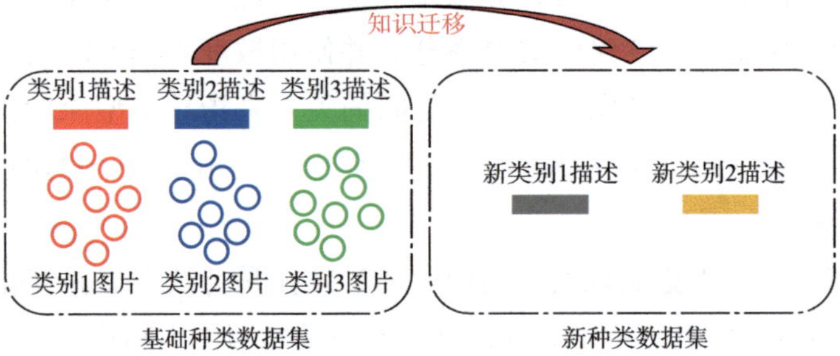

图 1.4　零样本学习的数据配置示意图

在图像分类的视觉任务中，主流的零样本学习方法大致可以分为三种类型：基于特征映射的方法、基于样本生成的方法和基于特征共享空间的方法。下面分别介绍如下：

（1）基于特征映射的方法：主要学习一个视觉到语义的特征映射函数$\mathcal{F}$来将视觉样本 $\boldsymbol{x}$ 映射到语义特征空间 $\mathcal{S}$ 中的特征向量 $\hat{\boldsymbol{s}} \in \mathcal{S}$，并与给定的类别语义特征 s 进行对比来做出分类结果，如图 1.5 所示。例如，Romera 等人提出在训练阶段利用各个基础种类的样本和描述来学习一个从视觉到语义的特征映射矩阵 $\boldsymbol{W}$，并利用它结合新种类的语义描述特征在测试阶段作为线性分类器。Chen 等人考虑到从基础种类的数据中学习到的特征映射函数$\mathcal{F}$可能会忽略新种类的特征，所以提出了一个可保留语义的对抗式特征提取网络来使得$\mathcal{F}$能更好地保留有类别的语义特征。Xie 等人鉴于之前的工作都直接利用$\mathcal{F}$提取图片全局特征而没有涉及更细粒度的区域特征，提出使用带有注意力机制的区域特征提取网络来更好地发掘图片中物体的各个组件，以帮助从基础种类到新种类的语义信息的迁移。更进一步，Xu 等人提出联合学习全局和局部的具有类区分性的特征，其使用一个属性原型网络从中间特征同时回归和分解各个属性，以更好地提取对图像的语义描述特征。随后，

Chen 等人提出了属性指导的自注意力网络逐步细化视觉特征和学习到的属性定位，以便提取更具有类识别力和可迁移性的区域特征。

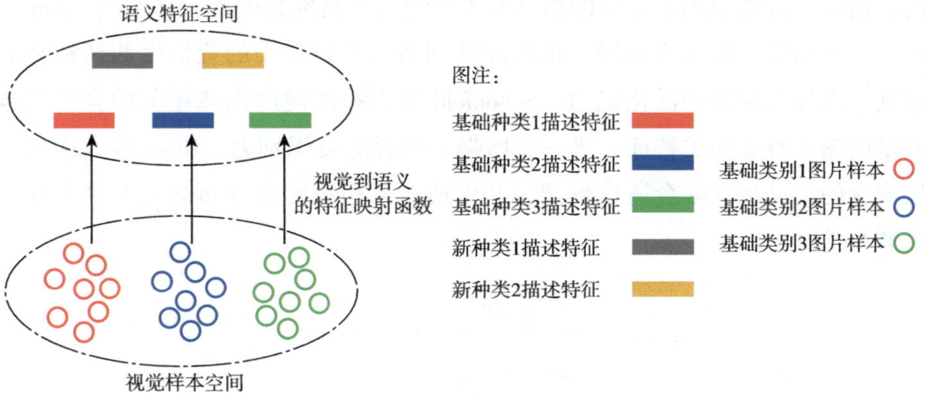

图 1.5　基于特征映射的零样本学习方法示意图

(2) 基于样本生成的方法：主要学习一个从语义到视觉的样本生成函数 G 来为没有样本的新种类生成图片样本，以便使用标准的训练流程获得新种类的分类器，如图 1.6 所示。例如，Xian 等人提出将一个沃瑟斯坦生成器装配分类代价函数以类级别的语义信息作为条件生成深层网络特征，从而使得总体的数据足以为新种类训练分类器。而 Verma 等人提出使用基于变分自编码器的架构，同时为基础种类和新种类从给定属性生成训练样本。Yu 等人提出给定类别属性生成对应类别的视觉原型，然后使用多个插曲训练的方式增强分类器的泛化能力。Shen 等人首次提出使用基于流的生成模型更好地应对零样本学习中的偏置问题，其中正向的流可以解耦数据的特征，而反向的流可以生成数据样本。Vyas 等人提出建模基础种类和新种类之间的语义关系，并显式地通过语义正则化代价函数进行跨类别的知识迁移，从而更好地消除基础种类和新种类之间的域差异。Chen 等人提出将从语义到视觉的映射结合成一个统一的生成性模型，使得基础种类和新种类的特征都得到更新和细化，从而能够同时缓解种类之间和数据集之间的域差异。Chen 等人提出了一个语义特征解耦框架，其中新种类的视觉特征首先会被一个条件变分器估计，然后将被分解为语义一致特征和语义无关特征。

(3) 基于特征共享空间的方法：主要学习为视觉和语义特征都共享的表征空间进行特征对齐，如图 1.7 所示。例如，Frome 等人提出了一个深度视觉语义特征模型，它将带有标签的视觉图片和文本信息中提取的语义特征投影到一个联合表征空间识别新种类。Hubert 等人提出充分利用无监督学习的优势来利用表征学习模型，以更好地学习语义和视觉的联合表征。Wang 等人提出了一个分阶段的隐式表征学习框架，其中第一阶段利用训练数据的拓扑和标签信息构造一个隐式表征空间，而第二阶段使用半监督的语义相关映射将类别标签嵌入表征空间。Liu 等人提出了一个深度校准网络来同时校准深度网络对基础种类的置信度和新种类的不确定性，以提高网络的泛化能力。Schonfeld 等人提出使用模态相关的自编码器学习共享的图片特征和类特征，进一步增强了两者的类识别力。Chen 等人提出了一个层次化的语义视觉联合适应框架，其中通过架构适配和分布适配两个步骤对齐语义和视觉两个域。

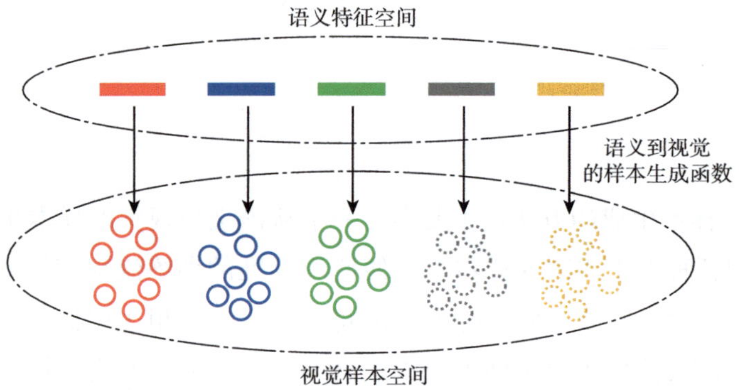

图 1.6　基于样本生成的零样本学习方法示意图

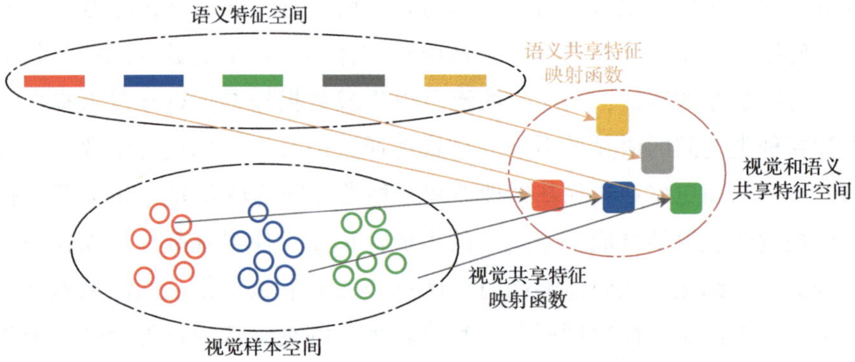

图 1.7　基于特征共享空间的零样本学习方法示意图

语义分割任务可以看作一个像素级的分类任务，所以针对语义分割的零样本学习的方法在思路上也与上述介绍的三种方法相近。例如，Bucher 等人基于语义文本特征生成视觉表征并将其与深度视觉分割模型相结合，从而为新种类产生像素级的语义分割结果。Gu 等人提出了一个上下文环境感知的特征生成模型，它使用一个上下文环境模型提取像素级别的环境信息从而引导模型从语义特征中生成多样的视觉特征。Xian 等人提出使用贝叶斯不确定性将基础种类的带有噪声的训练样本剔除，所以可以让模型更稳定地学习到相关特征。Baek 等人提出使用视觉和语义编码器学习联合表征空间，其中语义编码器将语义特征转换成语义原型作为相应类别的视觉特征的中心。Zhang 等人提出了一个开放式的原型匹配方法，它使用一个原型集合提取视觉的表征，所以可以方便和灵活地增加新种类。Cheng 考虑到零样本语义分割需要像素级别的上下文信息来预测结果，所以提出使用位置编码引入空间信息，并提出了一个新颖的由蒸馏学习启发的自学习策略进一步增强分割模型。Xu 等人提出使用预训练的文本视觉模型帮助零样本语义分割，它首先提取可泛化的区域，然后使用预训练的模型进行区域分类，从而完成零样本语义分割任务。Ding 等人提出了一个端到端可训练的模型将零样本语义分割任务解耦成像素聚类和区域分类这两个子任务。前者不引入类别信息，所以可以迁移到新种类上；后者进行区域级别的分类，所以可以自然地使用预训练的文本视觉模型进行分类。

综上所述，零样本图像分类方法和零样本语义分割方法都取得了巨大成就，能够仅用语义描述从基础种类拓展学习更多的新种类。

1.2.3 小样本图像分类和分割

小样本学习侧重于研究种类数量增加而只需少量样本学习新种类的场景，也属于跨类别的迁移学习。如图 1.8 所示，小样本学习假设有一些没有交集的基础种类 $\mathcal{C}_b$ 和新种类$\mathcal{C}_n$，其中第 i 个基础种类同时含有充足的图片样本 $\{\boldsymbol{x}_{i,n}\}_{n=1}^{N_b}$， 而第 j 个新种类只含有少量的图片样本 $\{\boldsymbol{x}_{i,n}\}_{n-1}^{N_n}$， 例如 $N_n=1$ 或 $N_n=5$。例如，人们虽然没有见过长颈鹿或其图片，但可以凭借一张图片作为依据来认识长颈鹿，并在看见长颈鹿的时候做出正确识别。

在图像分类的视觉任务中，主流的小样本学习的方法大概可以分为下列 3 种类型：基于度量的方法、基于优化的方法和基于迁移的方法。

（1）基于度量的方法：通常学习一个带有距离度量的特征空间的深度表征，然后通过最邻近方法识别新的种类，如图 1.9 所示。例如，Vinyals 等人提出了一个匹配网络架构，它学习将一小部分有标签的支持集合与一个无标签的样本匹配到其标签上，从而消除了需要为新种类而重新微调的必要。Oreshkin 等人提出了

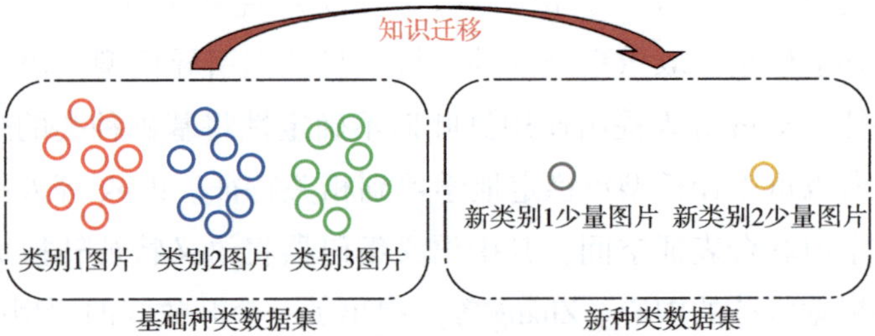

图 1.8　小样本学习的数据配置示意图

一个简单而有效的方法，以任务样本集合作为条件而去训练网络模型，从而获取一个与任务相关的度量空间以快速适应新任务。Li 等人提出使用基于局部描述符的图片到类别的度量方法，更好地应对新种类的样本稀缺性问题。Li 等人提出了一个类别遍历模块，它通常可以作为一个插件嵌入基于度量的方法中遍历所有的类别来收集与任务相关的特征。Allen 等人提出使用无穷混合原型适应性地表征样本和复杂的数据分布，它结合深度表征模型和非参贝叶斯模型使用一些聚类中心表示类别，从而提升小样本学习的准确率和鲁棒性。Hou 等人提出了交叉注意力模型，为每一个类别的特征和查询样本的特征生成交叉注意力图来凸显目标物图的区域，从而增强样本的类识别力。Zhang 等人将推土距离作为一种度量计算图片之间结构化的距离来决定相关性，并设计了一个结构化的分类器帮助模型从小样本中学习更有类相关性的特征。Doersch 等人提出了一个基于自注意力的网络架构从小部分有标签的图片和一个无标签的图片之间寻找粗糙的空间对应关系，然后从中推测样本的类别归属。

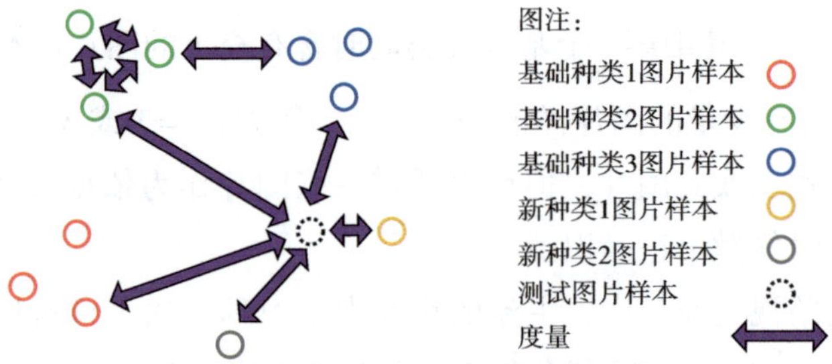

图 1.9　基于度量的小样本学习方法示意图

（2）基于优化的方法：通常在多样的任务中优化分类器，例如凭借几张图片识别一个类别，训练得到的分类器被认为可以使用少量图片来快速识别新种类，如图 1.10 所示。例如，Finn 等人提出了模型无关的元学习训练方法，它使用旧任务的数据训练模型的初始参数并强迫模型使得模型参数在梯度更新后对于新任务的性能得到提升，从而使这样的模型参数能够快速适应新任务。Ravi 等人提出了一种基于长短时间序列模型的元学习模型来学习准确的优化算法，训练另一个进行着小样本分类的深度模型，这种方式获得的分类模型有着较好的泛化性，所以可以快速通过小样本学习新种类。Rusu 等人提出了一种隐式表征优化算法，它将基于梯度的适应程序从模型参数潜在的高维空间中解开，从而更好地适应新任务的学习。Yoon 等人提出了一种基于贝叶斯的与模型无关的优化方法，它可以学习数据中潜在的复杂的结构化信息并在元更新的过程中使用一个新颖的贝叶斯机制防止过拟合。Sun 等人提出一个元迁移的学习方法，它使用深度模型同时学习多个任务并通过学习为每一个任务进行缩放和偏移的函数进行迁移，并且提出了一个困难任务元批次机制来增加学习过程的有效性。

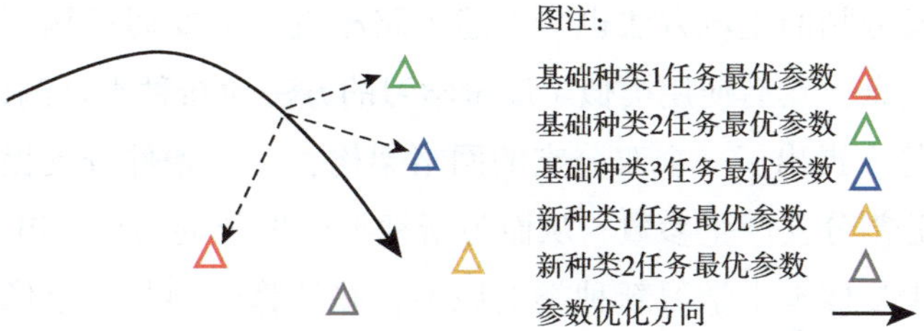

图 1.10　基于优化的小样本学习方法示意图

（3）基于迁移的方法：通常预训练深度骨干网络，然后再为新种类微调，如图 1.11 所示。例如，Qi 等人提出直接将新种类的训练样本的激活特征做适当调整并将其作为分类层参数，这样的设置可以提供较好的性能并加速后续微调过程的初始化。Gidaris 等人提出了一个基于注意力机制的小样本分类权重生成器，并将图片特征和类别权重之间的余弦距离作为分类依据，从而将基础种类和新种类的识别过程统一并缩小了差距。Chen 等人提出将分类模型最后的线性分类器替换成基于距离的分类器，可以进一步降低类内差异并加速微调过程。Rodriguez 等人提出使用特征传播作为一个无监督的非参正则化项来增强小样本学习中的流形学习，以便减小新种类和基础种类之间的分布漂移问题。Liu 等人提出了一个负间距代价函数来帮助网络的微调训练，它可以有效地避免将新种类的样本错误地映射到多个聚类中心，帮助新种类学习。Ziko 等人提出了一个拉普拉斯正则化的推理过程，它对于任何给定的基础种类的特征都最小化一个二次二元分配的函数，从而对查询集合进行聚类并获得更具有泛化性的特征。Dhillon 等人提出直接对有着标准交叉熵代价函数的深度网络进行微调便可取得较好的性能。Chen 等人提出首先在所有基础种类上预训练一个深度神经网络，然后使用一个基于邻近形心的小样本分类算法进行元学习，从而让模型保持较好的鲁棒性和泛化性。

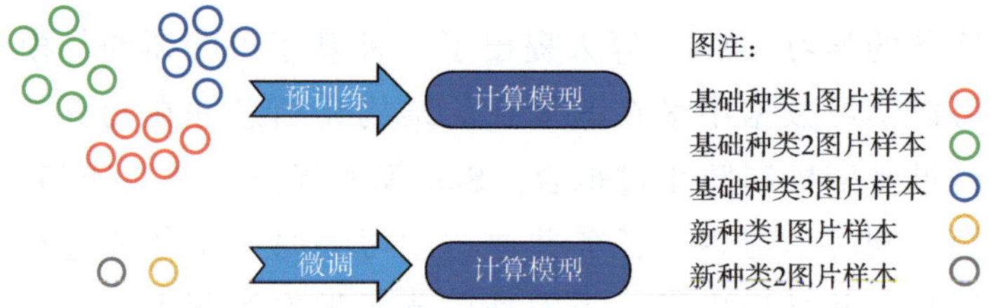

图 1.11　基于迁移的小样本学习方法示意图

小样本语义分割的主流方法也与上述思路相近，主要通过从新种类的少量样本中构造原型信息，然后使用类似于度量学习的方法为新种类预测语义分割结果。例如，Shaban 等人提出了一个双分支的网络架构，其中条件分支提取新种类的参考图片信息为分割分支产生参数，从而为新种类产生分割结果。PL 提出了原型学习器模块来从少量样本中学习新种类的原型，并计算原型与每个像素的距离为每个新种类预测分割结果。Dong 等人提出了一个双分支的稠密比较模块来多层次地比较少量样本与输入图片，并迭代地逐步将新种类从输入图片中分割出来。Zhang 等人提出使用区域均值获取少量样本中新种类的鲁棒特征，并计算该特征和输入图片中的余弦相似度来预测分割结果。Wang 等人提出了在一个特征空间中学习类相关的原型表征并通过匹配原型和像素进行语义分割，还提出了一个原型对齐的正则化项，增强原型特征的鲁棒性。Yang 等人提出了一个原型混合模型，其使用最大化期望算法构建多个原型来表征多个样本中新种类的区域特征，从而在少量样本中获得丰富且鲁棒的原型特征。Tian 等人提出了一个先验指导的特征增强网络，其使用一个无参的分割结果生成方法来生成初始结果，并使用特征增强模块进一步细化和增强对新种类的分割结果。Li 等人提出对少量样本中的超像素进行聚类来获得区域特征作为指导，并对输入图片分配最适合的区域特征作为原型将其中的新种类分割出来。Xie 等人提出了一个端到端可训练的尺度化的图神经网络，它通过将少量样本和输入图片的多尺度特征作为图节点，然后用图神经网络进行节点之间的信息传递，从而获取更为精准和鲁棒的特征为新种类预测分割结果。Min 等人提出了一个超相关性压缩网络，其根据少量样本和输入图片的多尺度特征构建稠密的相关性表征，并使用 4D 卷积层逐渐将其压缩具有高度语义信息的特征并逐步预测新种类的分割结果。Liu 等人提出使用少量样本的原型信息动态地为新种类预测分割模型的网络参数，然后结合所提出的特征过滤模块为新种类产生分割结果。

综上所述，小样本图像分类方法和小样本语义分割方法都取得了巨大成就，能够用少量图片从基础种类拓展学习更多的新种类。然而，为每个新种类标注少量图片仍然需要人工成本，也不能便捷地随着时间持续拓展。并且，少量图片样本具有歧义性，难以鲁棒地为每个新种类提供有代表性的表征。所以，这两个缺点严重限制了小样本图像分类方法和小样本语义分割方法在广泛场景中的进一步应用。

1.2.4 带特权信息的学习

特权信息指只在训练阶段含有而在测试阶段缺失的信息，所以带特权信息学习的关键之处在于如何将特权信息中的知识提炼并迁移到模型之中，从而提升模型在缺失特权信息的测试阶段的性能。为此，研究者在多种学习任务中提出了各种充分利用特权信息的方式。

早期，Vapnik 等人使用特权信息将支持向量机拓展成增强支持向量机，其中特权信息作为一个松弛变量来训练更好的模型。之后，特权信息被广泛用于各种任务之中，对各种模型及其应用都有广泛的帮助。例如，Lambert 等人在分类任务中提出使用检测框作为特权信息，并使用这种特权信息帮助控制模型中的 Dropout 层，从而提升模型的准确率和鲁棒性。Yang 等人在多示例、多标签学习任务中将检测框和文本描述作为特权信息，并提出了一个新颖的特权代价函数辅助任务的学习。Hoffman 等人在目标检测任务中提出将深度信息作为特权信息，并使用特权信息想象深度模态中的特征图补充 RGB 模态的信息以提升目标检测的性能。Yang 等人提出头部姿态或性别的划分帮助训练随机森林，从而提升模型对于脸部特征的检测。Sharmanska 等人提出将图片属性、检测框、文本描述作为特权信息，并提出了一个简单划分和困难划分的排序方法，利用特权信息帮助模型学习如何排序。Lee 等人在图像超分任务中将原始的高分辨率图像作为特权信息，并使用蒸馏学习代价函数利用特权信息，从而提升模型的超分性能。Vu 等人提出在域适应语义分割任务中将深度信息作为特权信息，并提出了一个深度感知的适应机制。它能够同时对齐分割任务的特征和深度模态的特征，所以能够为域适应语义分割提取具有更强的域不变性的特征。

综上所述，带特权信息的学习可以在各种视觉任务中有效地提升模型的性能和泛化能力，即使在测试阶段缺失特权信息。与本书研究内容最为相近的工作是以“模型特征”为载体的跨模态迁移方法，它可以缓解模型在测试阶段对深度数据的依赖，但该方法需要较大的计算量，并且也难以鲁棒地迁移每个像素的特征向量。所以，如何高效、灵活、鲁棒地将特权信息中的知识迁移到模型中仍然是一个开放问题。

1.3 基于迁移学习技术的解决方案

针对深度学习模型对于精细标注数据和完整测试数据的依赖问题，本书致力于用迁移学习技术来降低模型的拓展成本并拓宽应用空间。为此，本书提出了五项研究工作（第3章~第7章）。第一项研究工作以分类这个最广泛的视觉任务为例，对提出的新学习模式进行初步探究和验证。第二项研究工作将其思想延续并应用在更具挑战性和应用价值的语义分割任务上。第三项研究工作聚焦于深度学习模型的测试阶段，以图像分类任务为例，研究使用迁移学习技术降低深度学习模型对于测试样本收集的完整信息的依赖，可以让模型能够应用于那些难以获取某些信息的广阔场景中。第四项研究工作致力于学习可迁移的关键点和链接，旨在为任意物体估计完整的姿态。第五项工作研究在极小样本条件下的姿态估计，通过学习可迁移的提示和关联完成姿态估计任务。

本书对深度学习的训练阶段和测试阶段的数据瓶颈问题做了深入研究，并以分类、分割和姿态估计这些各具有代表性的应用为例，提出了具有创新性的基于迁移学习的预测模型与实现算法，能够有效地降低深度学习模型的拓展成本或提升深度学习模型的应用范围。

小　结

本章主要介绍了计算机视觉在深度学习的应用中遇到的难题，从而引申出迁移学习的相关背景和意义，以及相关的研究现状。虽然以深度学习为主的计算机视觉技术在目前取得了巨大的成就，但这通常依赖于特定应用场景下大量精细标注的训练数据以及精细收集的完整测试数据，有效地缓解这两个问题可以极大地提升模型的拓展效率和应用范围。此外，本章还介绍了迁移学习的研究现状，包括在零样本图像分类和分割、小样本图像分类和分割、带特权信息的学习等领域的研究。最后，对本书后续章节的研究内容和技术路线进行了概述。

第 2 章 计算机视觉方法的基础知识

本章首先对书中的各变量作符号定义，然后介绍本书所涉及和使用的基础知识，以便读者能够更为顺畅地理解后续章节所描述的模型算法。具体来说，本章所介绍的内容主要包括一些深度学习网络的常用模块、骨干网络、模型将会使用到的可变形和调节的卷积层及多头注意力模块。

2.1 符号定义

本书使用单个字母表示一个标量，如使用 $\alpha \in \mathbb{R}^1$ 表示一个均衡超参数。使用单个粗体字母表示一个多维向量，如使用 $\boldsymbol{x} \in \mathbb{R}^{3\times H\times W}$ 表示一张图片。使用下标或数组取值表示对向量按维度进行索引，如使用 $\boldsymbol{x}_{h,w}$ 或 $\boldsymbol{x}[h,w]$ 表示图片上空间坐标 (h,w) 的取值。并且，使用“:”表示取特定维度的所有下标，如 $\boldsymbol{x}[h,:]$ 表示图片的第 h 行像素。使用带括号的上标对不同模态下的同一变量进行区分，如使用 $\boldsymbol{F}^{(R)}$ 和 $\boldsymbol{F}^{(D)}$ 分别表示 RGB 模态和深度模态下各自的网络特征图。使用花体字母来表示一个函数，如使用 $\mathcal{L}(\cdot)$ 表示一个代价函数。使用正体英文表示一些带有名字的函数，如使用 $\mathrm{Sigmoid}(\cdot)$ 表示 Sigmoid 函数；使用 $\log(\cdot)$ 表示取对数函数。使用带星号的符号表示对应变量给定的标注真值，如使用 $\boldsymbol{y}^*$ 来表示图片的语义标签的真实向量。使用一个带上下标的大括号表示一个集合，例如使用 $\{p_k\}_{k=1}^{K}$ 表示 K 个位置坐标的集合，其中 k 是遍历下标变量。更为具体地，除了在特定上下文情景的声明之外，主要使用表 2.1 中的符号表达相关变量。

表 2.1　本书所使用的主要符号一览表

所用的符号	表示的变量	所用的符号	表示的变量
$\boldsymbol{x}$	单张图片或输入数据	B	训练批次大小
$H \times W$	图片的长度×宽度	$\boldsymbol{y}$	预测的图片类别标签
$\boldsymbol{f}$	特征向量	$\boldsymbol{y}^*$	真实的图片类别标签
$\boldsymbol{F}$	特征图	$\boldsymbol{M}$	预测的图片分割结果
$H_F \times W_F$	特征图的长宽	$\boldsymbol{M}^*$	真实的图片分割结果
$\mathcal{L}(\cdot)$	代价函数	$\boldsymbol{s}$	语义相似度
$\boldsymbol{p}$	平面上的点坐标	$\boldsymbol{S}$	相似度矩阵
$\boldsymbol{W}$	网络层参数权重	w	样本权重
$\boldsymbol{b}$	网络层参数偏置	α,β,γ,μ	均衡超参数
C	特征通道数量		

2.2　常用模块

本节简要介绍一些常用的构成深度神经网络所使用的各个模块，包括全连接层、卷积层、池化层、激活函数、代价函数。

2.2.1　全连接层

全连接层是最基础和经典的网络模块，它使用一组可学习的权重 $\boldsymbol{W} \in \mathbb{R}^{C_o \times C_f}$ 和偏置 $\boldsymbol{b} \in \mathbb{R}^{C_o \times 1}$ 对输入数据进行特征映射，可由如下公式来表达：

$$\boldsymbol{o} = \boldsymbol{W}\boldsymbol{f} + \boldsymbol{b} \tag{2.1}$$

其中，$\boldsymbol{f} \in \mathbb{R}^{C_f \times 1}$ 和 $\boldsymbol{o} \in \mathbb{R}^{C_o \times 1}$ 是全连接层的输入和输出的特征向量。通过这种方式，全连接层将输入特征向量的所有维度都统一计算，并利用可学习的权重和偏置提取与任务有关的特征信息。

2.2.2　卷积层

卷积层相比于全连接层使用了更少的参数，且有着更为突出的优势，所以成了现代深度神经网络中最核心的模块。具体来说，卷积层基于图片在空间邻域内就有较完整信息的特点，使用小尺寸的卷积核对图片上的一小部分进行特征提取，并将该卷积核用于全图共享。这种做法不但有效地节省了参数量和计算量，也在一定程度上降低了输入数据的维度，缓解了高维数据带来的各种困难问题。

在计算流程上，卷积层首先将输入特征图按所设置的跨度在平面空间上划分成若干个邻域，这些邻域使用共享的卷积核参数和偏置进行计算。在平面坐标为 i 的邻域中的计算过程可由如下公式刻画：

$$\boldsymbol{o}_i = \sum_{k=1}^{K} (\boldsymbol{W}_k \boldsymbol{f}_{i+\boldsymbol{p}_k} + \boldsymbol{b}_k) \tag{2.2}$$

其中，$\boldsymbol{f}_i$ 为输入特征图 $\boldsymbol{F}$ 在空间索引 i 的特征向量，$\boldsymbol{o}_i$ 为输出特征图 $\boldsymbol{O}$ 在空间索引 i 的特征向量。该卷积核共在 $\{i + p_k\}_{k=1}^{K}$ 个空间位置进行计算，其中 $\boldsymbol{W}_k$ 和 $\boldsymbol{b}_k$ 是第 k 个位置所对应的卷积核权重和偏置。如图 2.1 所示，一个典型的 3×3 的卷积核作用于图片计算对应位置的特征向量，它的空间位置集合对应着空间位置 i 邻接的 9 个位置。通过这种方式，卷积核在输入特征图上以共享参数的方式进行滑动计算，从而对输入特征图的每个位置都进行共享的特征提取。

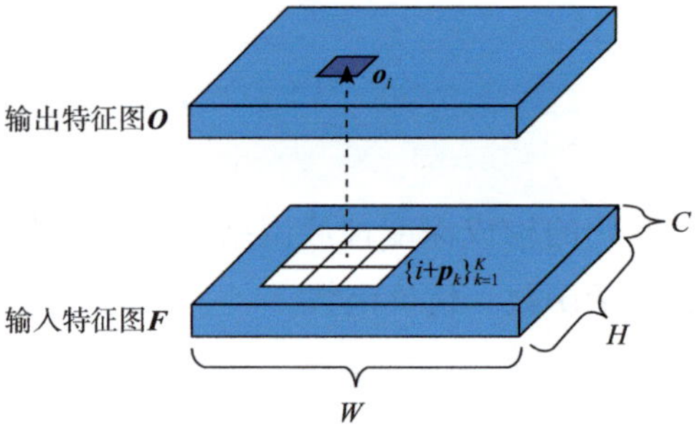

图 2.1　卷积层计算过程示意图

2.2.3　池化层

与卷积层类似，池化层通常也对输入图片的各个小邻域分别进行计算，其主要作用是以极少甚至不使用可学习参数对输入特征图进行邻域的特征聚合。这个过程可由下式表达：

$$\boldsymbol{o}_i = \mathcal{P}(\{f_{i+p_k}\}_{k=1}^{K}) \tag{2.3}$$

其中，$\mathcal{P}(\cdot)$ 是对邻域内的特征向量进行计算的池化函数。常使用的池化层有最大值池化和平均值池化，即对邻域内的特征向量分别在各个通道上取最大值或平均值。以这种方式，深度神经网络可以不使用可学习的参数对输入特征图进行特征聚合或降低特征图的空间尺寸。

2.2.4　激活函数

由于全连接层或者卷积层的计算都是线性变换，而现实世界中的函数都是非常复杂的非线性变换，所以需要激活函数实现深度神经网络中的非线性。经典的激活函数有 Sigmoid(x) 激活函数，公式如下所示：

$$\mathrm{Sigmoid}(x)=\frac{1}{1+\mathrm{e}^{-x}} \tag{2.4}$$

其中，x 是输入的数据标量，而激活函数分别作用于输入特征的各个维度。因为 Sigmoid(x) 函数在输入值较大或较小时趋近平缓，容易产生梯度消失的情况，所以目前常用的激活函数是 ReLU(x) 激活函数，其表达式如下：

$$\mathrm{ReLU}(x)=\max(x,0) \tag{2.5}$$

ReLU(x) 激活函数通过直接将输入数据的负值置成零来实现非线性，而保留输入数据的正值使得反传的梯度不变小。

2.2.5　代价函数

代价函数位于深度神经网络的最后，整个模型的可学习参数是由最小化它进行更新和学习。在不同任务中使用的代价函数有所不同，这里介绍本书后续将会使用到的常用代价函数。

对于图像分类任务来说，交叉熵是一种最为普遍的代价函数，它可以由下式表达：

$$\mathcal{L}_{\mathrm{Cls}}=\mathrm{BCE}(\boldsymbol{y},\boldsymbol{y}^{*})=-\sum y_i^{*}\log_2 y_i \tag{2.6}$$

其中，BCE 是常用的二元交叉函数，$\boldsymbol{y}=(y_1,y_2,\cdots)^{\mathrm{T}}$ 是模型对该输入图片预测的各个类别的概率分布，$\boldsymbol{y}^{*}=(y_1^{*},y_2^{*},\cdots)^{\mathrm{T}}$ 是该图片真实地标注各个类别的向量，而 i 是类别的遍历索引。通过最小化该代价函数，模型将会最大化真实类别对应的预测概率，从而让模型中的可学习参数学习到关于该类别的相关特征。本书后续所提出的模型算法将会基于这个最基本的分类代价函数并根据任务需求做出适当改善，例如，根据样本可靠度或类别样本数量对各个图像的交叉熵代价函数施加一个权重。

对于语义分割任务来说，一种直观的做法是将其分解为各个类别在输入图像的各个像素上的二分类任务，然后用分类代价函数监督分割模型。该过程可由下列公式表达：

$$\mathcal{L}_{\mathrm{Seg}}=\mathrm{SEG}(\boldsymbol{M},\boldsymbol{M}^{*})=\sum_{c}\sum_{i}\mathrm{BCE}(M_{c,i},M_{c,i}^{*}) \tag{2.7}$$

其中，SEG 是分割代价函数的名称，$\boldsymbol{M}$ 是模型预测的语义分割结果，$\boldsymbol{M}^{*}$ 是真实的语义分割标签，而 c 和 i 分别是类别遍历索引和平面像素遍历索引。然而这种直观的形式将各个像素独立计算代价函数，没有考虑到样本难易程度不均衡、样本正负数量不均衡等问题，所以本书后续对于语义分割任务主要使用 $\mathcal{L}_{\text{Mask}}$ 和 $\mathcal{L}_{\text{Dice}}$ 两个代价函数。

$\mathcal{L}_{\text{Mask}}$ 主要用于缓解样本难易程度不均衡的问题，它由在每个像素上对每个类别应用的代价函数累加组成：

$$\begin{aligned}\mathcal{L}_{\text{Mask}} &= \sum_{c}\sum_{i}\text{FocalLoss}(M_{c,i},M_{c,i}^{*}) \\ &= \sum_{c}\sum_{i}[-\alpha(1-p_t)\gamma\log_2 p_t]\end{aligned} \tag{2.8}$$

其中，FocalLoss 是每个像素代价函数的名称，α 和 γ 都是均衡超参数，控制着该代价函数对于难易样本的均衡程度，而 p_t 是模型对于像素预测逻辑值的简写，其具体取值如下：

$$p_t=\begin{cases}M_{c,i} & ,M_{c,i}^{*}=1\\ 1-M_{c,i} & ,M_{c,i}^{*}\neq 1\end{cases}$$

该代价函数中的 γ 通过指数形式控制损失的取值，其对整个代价函数的影响如图 2.2 所示。图中展示了在不同 γ 的取值下，模型预测的真实类别的概率值产生的代价函数损失值的曲线。由此可见，当 $\gamma=0$ 时，该代价函数等效于标准的交叉熵代价函数，而当 γ 的取值增大，代价函数的取值会倾向于增大。例如，$\gamma=2$ 以及 $p_t=0.9$ 时，该代价函数会产生比标准交叉熵函数一百倍更多的损失值。通过这种方式，损失函数会减轻模型对于那些已良好分类的像素的损失值，从而更为聚焦地学习那些目前不能较好分类的像素，从而提升学习效率。

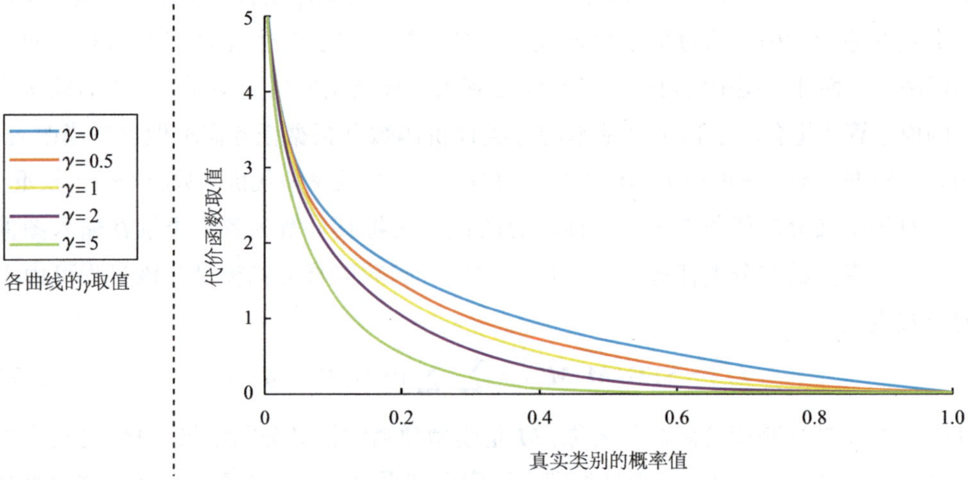

图 2.2 超参数对于 FocalLoss 影响的曲线变化图

$\mathcal{L}_{\text{Dice}}$ 主要用于缓解前景和背景的像素数量不均衡问题，其具体表达式如下：

$$\begin{aligned} \mathcal{L}_{\text{Dice}} &= \text{DiceLoss}(\boldsymbol{M}, \boldsymbol{M}^*) \\ &= \sum_c \sum_i D_{c,i} \text{BCE}(M_{c,i}, M_{c,i}^*) \end{aligned} \tag{2.9}$$

其中，DiceLoss 是该代价函数的名称，$D_{c,i}$ 是该代价函数所分配的权重系数，其计算过程如下：

$$D_{c,i} = \frac{2\sum_i (M_{c,i} M_{c,i}^*)}{\sum_i M_{c,i}^2 + \sum_i M_{c,i}^{*2}} \tag{2.10}$$

其中，该权重系数会在每个类别上进行前景和背景的像素统计，自适应性地施加权重来缓解前景和背景像素的数量不均衡问题，从而提升语义分割模型的学习效率。

2.3 骨干网络

骨干网络是现代深度模型中非常重要的一个模块，它被专门设计用来提取计算机视觉任务中的通用特征，能够被各种视觉任务所使用。一般来说，在骨干网络的基础上添加一些与任务相关的输出层和代价函数，便可便捷地获得一个具有较好性能的深度神经网络。骨干网络的研究有着丰富的内容，如最经典的 VGGNet、最具影响力的 ResNet、较新的 DensetNet。本书所使用的骨干网络主要是深度残差网络 ResNet 以及特征金字塔网络 FPN，所以后续将对这两部分内容进行介绍。

2.3.1 深度残差网络

深度残差网络 ResNet 的特点在于它所使用的残差连接能够将浅层特征直接与深层特征融合，即使用非常简单的特征相加也能够使得性能有显著的提升，所以成了众多计算机视觉任务的骨干网络。一般的深度学习模型通过堆叠全连接层或卷积层来增加模型的深度，但这种方式会导致非常严重的梯度消失等问题，所以这种参数堆叠的深度模型是较难训练和泛化的。ResNet 使用带有残差连接的模块构成深度神经网络，其中的残差连接可以直接将深层的梯度传递到模型的浅层，可有效地缓解梯度消失的问题，使得模型性能有极大的提升。

典型的残差模块如图 2.3 所示，图中展示了两个基本的残差模块，分别对应于小型残差网络和大型残差网络两个规模的组成模块。其中，模型的浅层特征图在经过了若干个卷积层后的深层特征图还会与原先输入的浅层特征图进行相加。基于这种残差模块，ResNet 将若干个残差模块组成一个残差层，再用若干个残差层组成整个深度残差网络。本书所使用到的 ResNet-18 骨干网络和 ResNet-50 骨干网络都具有 4 个残差层，最后分别产生具有 512 和 2 048 通道数量的特征图。

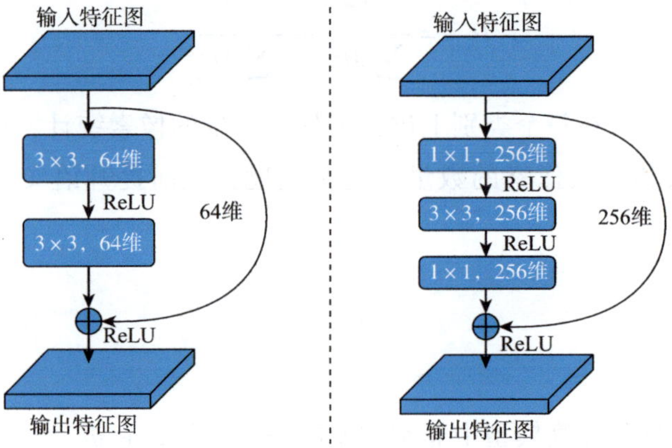

图 2.3　深度残差网络使用的残差模块示意图

2.3.2　特征金字塔网络

在语义分割等任务中，同时具有深度语义信息和高分辨率的特征图是保持良好性能的关键。然而深度和高分辨率都会引入巨大的计算量，这时特征金字塔网络 FPN 能够较好地应对这个问题。如图 2.4 所示，FPN 首先如同普通深度神经网络一样由浅到深去产生分辨率依次减小的特征图以在加深语义特征的同时削减模型的计算量。然后，为了产生兼具深度语义和高分辨率的特征图，FPN 由深到浅地去上采样深度特征图并与更高分辨率的浅层特征图进行融合。

深层特征图会缩放到与浅层特征图相同的尺寸，然后浅层特征图通过一个小卷积核来调整特征的维度，最后将两个特征图进行相加融合。与此同时，每个分辨率的融合特征图都会有对应的代价函数为其注入与任务相关的语义信息。通过这种方式，FPN 可以产生多层次的含有丰富语义信息的高分辨率的特征图，极大地提升了模型应对后续高分辨率相关任务的能力。一般情况下，FPN 可以基于前文介绍的 ResNet 的 4 个残差层来构建，作为高分辨率任务的骨干网络。

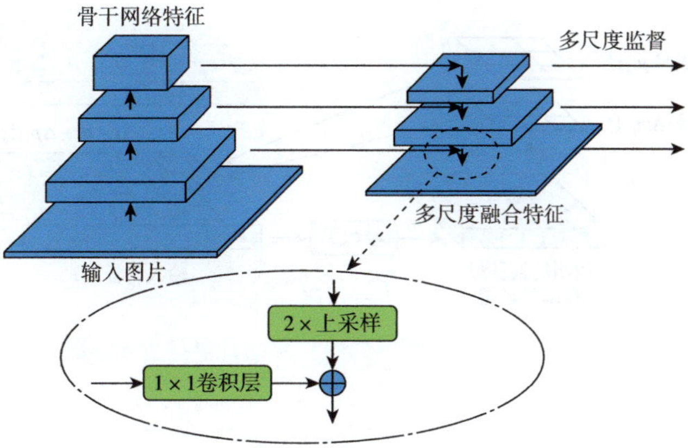

图 2.4　特征金字塔网络的架构示意图

2.4　可变形和调节的卷积层

相比于前文介绍的标准卷积层，“可变形的卷积层”为每个采样位置增设一个偏移量来使得卷积核发生形变，以适应感兴趣物体的形状。而其续作“可变形和调节的卷积层”进一步为每个采样位置附加一个调节量，从而降低那些不感兴趣位置的权重。它们都属于深度学习模型中的注意力机制，将会用于本书后续提出的注意力迁移的模型算法中。

图 2.5 所示为一个典型的卷积核大小为 3×3 的可变形和调节的卷积层的计算过程，其基本的计算模式和前文介绍的标准卷积层大致相同。具体来说，对于在平面坐标为 i 的邻域中的计算过程可由下式描述：

$$o_i = \sum_{k=1}^{K} (\boldsymbol{W}_k \boldsymbol{f}_{i+p_k+\Delta p_{i,k}} + \boldsymbol{b}_k) \cdot \Delta m_{i,k} \tag{2.11}$$

其中，$\Delta p_{i,k}$ 和 $\Delta m_{i,k}$ 分别是平面坐标为 i 的邻域的卷积核的第 k 个采样位置的偏移量和调节量。这些偏移量和调节量一般通过对输入特征图进行标准卷积操作而预测得到，使得深度学习模型自己学习如何使用偏移量和调节量来注意输入图片中的相关特征。当仅有偏移量时，该卷积层称为“可变形的卷积层”，而同时具有偏移量和调节量的卷积层称为“可变形和调节的卷积层”。

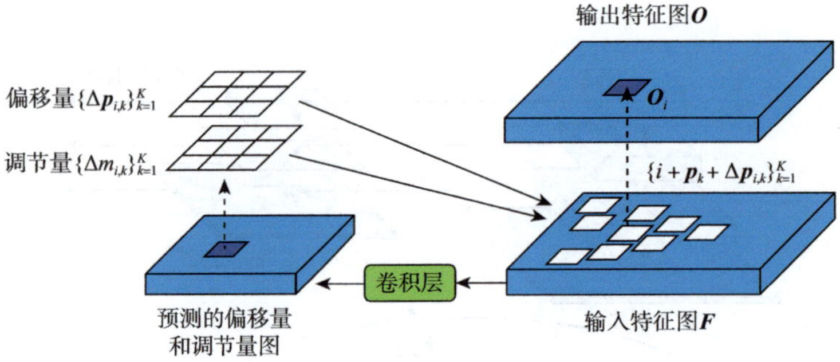

图 2.5　可变性和调节的卷积层的计算过程示意图

2.5　多头注意力模块

多头注意力机制作为近年来的研究热点，广泛应用在各种网络结构中，对广泛的视觉任务起到了提升效果。通常情况下，多头注意力模块是由 K 个维度为 d 的注意力头组成，其可以由下式表达：

$$\boldsymbol{x}_r = \text{MultiHeadAtt}(\boldsymbol{x}_q, \boldsymbol{x}_k, \boldsymbol{x}_v, \boldsymbol{W}_s, \boldsymbol{W}_p) \tag{2.12}$$

其中，MultiHeadAtt 是注意力模块的名称，$\boldsymbol{x}_q \in \mathbb{R}^{d\times N_q}$ 是序列长度为 N_q 的查询变量，$\boldsymbol{x}_k \in \mathbb{R}^{d\times N_{kv}}$ 和 $\boldsymbol{x}_v \in \mathbb{R}^{d\times N_{kv}}$ 是序列长度为 N_{kv} 的键变量和值变量，$\boldsymbol{W}_s \in \mathbb{R}^{K\times 3\times \frac{d}{K}\times d}$ 是模块中计算注意力的可学习参数，$\boldsymbol{W}_p \in \mathbb{R}^{d\times d}$ 是结果投影可学习参数，而 $\boldsymbol{x}_r \in \mathbb{R}^{d\times N_q}$ 是模块的计算结果。而自注意力模块是多头注意力模块的一种特殊形式，可以用下式描述：

$$\text{SelfMultiHeadAtt}(\boldsymbol{x}, \boldsymbol{W}_s, \boldsymbol{W}_p) = \text{MultiHeadAtt}(\boldsymbol{x}, \boldsymbol{x}, \boldsymbol{x}, \boldsymbol{W}_s, \boldsymbol{W}_p) \tag{2.13}$$

其中，自注意力模块 SelfMultiHeadAtt 使用输入的数据变量同时当作查询变量、键变量、值变量，所以属于自己对自己的数据进行注意力计算，故名为自注意力机制。多头注意力模块是由多个单头注意力模块组合并投影而成，这个过程可由下式表达：

$$\boldsymbol{x}' = \text{LayerNorm}(\boldsymbol{x}_q + \text{DropOut}(\boldsymbol{W}_p \boldsymbol{x}_s)) \tag{2.14}$$

其中，LayerNorm 是归一化层，DropOut 是随机筛选层，$\boldsymbol{x}_s$ 是多个单头注意力 SingleHeadAtt 计算结果的拼接，即

$$\boldsymbol{x}_s = [\text{SingleHeadAtt}(\boldsymbol{x}_q, \boldsymbol{x}_k, \boldsymbol{x}_v, \boldsymbol{W}_{s,1}); \cdots; \text{SingleHeadAtt}(\boldsymbol{x}_q, \boldsymbol{x}_k, \boldsymbol{x}_v, \boldsymbol{W}_{s,K})] \tag{2.15}$$

其中，[;] 表示多个变量按照特征通道维度进行拼接。

单头注意力模块使用一个权重参数 $W' \in \mathbb{R}^{3\times\frac{d}{K}\times d}$，并额外使用位置编码 $P_q \in \mathbb{R}^{d\times N_q}$ 和 $P_{kv} \in \mathbb{R}^{d\times N_{kv}}$。首先，单头注意力模块使用参数权重和位置编码计算查询特征变量 Q、键特征变量 K、值特征变量 V，这个过程可由下式表达：

$$[Q;K;V] = [W'_1(x_q + P_q);W'_2(x_{kv} + P_{kv});W'_3 x_{kv}] \tag{2.16}$$

其中，W' 就是 3 个参数矩阵的拼接，即 $W' = [W'_1;W'_2;W'_3]$。接下来，注意力计算中的注意力权重系数 α 由查询特征变量和键特征变量之间的计算得来，如下式所示：

$$\alpha_{i,j} = \frac{e^{\frac{1}{\sqrt{d/K}} Q_i^{\mathrm{T}} K_j}}{\sum_{j=1}^{N_{kv}} e^{\frac{1}{\sqrt{d/K}} Q_i^{\mathrm{T}} K_j}} \tag{2.17}$$

其中，$\alpha_{i,j}$ 是查询特征变量中的第 i 个数据和键特征变量的第 j 个数据之间的注意力权重系数。最后的输出是由值特征变量按照注意力权重累加起来获得，例如：

$$x'_i = \sum_{j=1}^{N_{kv}} \alpha_{i,j} V_j \tag{2.18}$$

其中 x'_i 是计算结果中的第 i 个特征变量。其中的位置编码 P，用于表示数据集合中各个位置的特征，可以是可学习的参数，也可以是固定的，但都是在各个注意力层中共享的。通过这种计算方式，查询变量可以对值变量中的各部分特征进行注意力操作，并计算相加得到感兴趣的特征，所以可以灵活并高效地提取与最终任务相关的特征。

小　　结

本章首先介绍了各个变量的符号定义，然后介绍了本书研究内容和所提出模型算法将会使用到的基础知识，可为后续章节对模型算法的介绍做好知识铺垫。接下来，将会逐一介绍针对本书研究主题所提出的具体的各项研究工作。

第 3 章

基于相似度迁移的弱样本细粒度分类

本章介绍本书的第一项主要内容，以图像细粒度分类视觉任务为例，研究使用迁移学习技术降低深度学习模型对于学习新种类所需的高昂标注成本。虽然零样本学习和小样本学习可以用成本更低的数据学习识别新种类，但它们仍需要人工标注，并且用文本描述和少量图片容易出现歧义性。所以，本章提出使用廉价易得的网络数据学习识别新种类，并将这种学习模式称为弱样本学习。

在弱样本学习中，本章提出从基础种类中学习相似度，并将其迁移到新种类中，然后利用样本权重和图正则化来降低网络图片所含噪声对模型的干扰。同时，提出使用对抗损失代价函数来增强相似度的可迁移性。最后，在 3 个数据集上进行大量实验验证所提出的学习模式和模型方法的有效性。本项研究工作可让细粒度种类识别模型通过更为廉价易得的网络图片来从基础种类拓展学习更多的新种类。

3.1 研究动机与方法简介

近年来，图像分类任务已经取得震撼人心的发展和突破，其中深度学习技术发挥了重大和决定性作用。然而，这个巨大的进步很大程度上依赖于大量准确标注的训练数据。如果训练数据的数量不足，深度学习模型就会产生严重的过拟合，会极大地降低测试时的性能。所以，巨大的数据量和高昂的标注成本严重限制了深度学习技术在更广泛的图片分类任务中的应用。

上述情况在细粒度分类的场景下更为严峻。例如，对鸟类下的数百种子类进行识别，得出只具有细微的、不易察觉的类间差异。所以，细粒度分类相较于标准的分类任务，需要更多的训练数据来训练深度模型学习这些微妙的差异。另一方面，细粒度分类的标注难度更大，标注成本也更高。对于普通人来说，拥有区分日常生活中常见的“狗”和“马”的能力，能够为粗粒度分类提供标注数据。但是，识别鸟类下的子类是远超普通人的能力的，所以细粒度分类任务中往往需要对该种类非常了解的专家学者才能提供准确的标注数据，因此细粒度的标注成本是极度高昂的。这两个原因使得细粒度分类更加需要减轻对大量带准确标注数据的依赖。而且，一个种类往往具有成千上万个子类，无法为每一个细粒度的种类收集并标注足够的训练图片，所以大多数的细粒度类别面临着没有充足带精准标注训练数据的问题。

为此，近年来的工作主要基于迁移学习来缓解深度学习技术对大量带精准标注数据的依赖，其中包括最具代表性的零样本学习及小样本学习。这些学习模式都首先假设已有一个数据量充足并且带准确标注的数据集，它是为基础种类收集构建的，例如 CUB（Caltech-UCSD-Birds-200-2011）数据集中已经带有准确标注的 200 种鸟类，FGVC 数据集中已经带有准确标注的 100 种飞机。在此基础上，现有方法致力于新种类，例如不被 CUB 数据集中的 200 种所包括的鸟类，不被 FGVC 数据集中的 100 种所包括的飞机种类。

这里的基础种类和新种类之间没有交集。对于新种类，零样本学习、小样本学习、本章所提出的弱样本学习使用不同的数据进行学习，如图 3.1 所示。零样本学习假设所有基础种类和新种类都带有针对各自类别的文本属性描述，例如描述斑马是黑白条纹的，描述大象有巨大的身体和长长的鼻子。零样本学习的方法通常从文本描述提取语义表征，并基于语义和视觉的双模态对齐学习新种类。小样本学习假设对于新种类只有若干张带准确标注的训练图片，例如 1 张或 5 张。小样本学习方法利用充足的基础种类的训练数据以及若干张新种类的训练数据学习新种类。

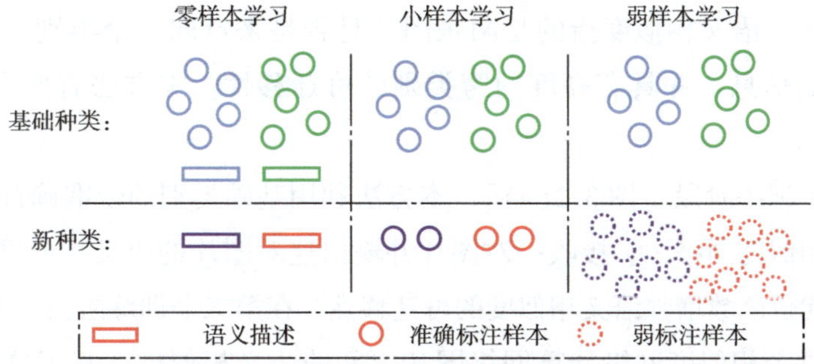

图 3.1　零样本学习、小样本学习、弱样本学习之间的对比示意图

虽然上述的零样本学习和小样本学习已取得了巨大的成就，展现了强大的对于新种类的学习能力，但是它们有下列缺点。首先，为每个新种类标注若干张图片的准确类别或属性等语义描述仍然需要专家知识，这依赖有着高昂的成本并且难以随着时间持续拓展。其次，从文本描述中提取语义表征虽然方便易得，但是其中包含的信息更为含糊和有歧义性。所以，这两个缺点严重限制了零样本学习和小样本学习的持续发展和在广泛现实场景中的应用。幸运的是，公开的互联网上分布着大量的、廉价的、易得的图片，这是一个非常有潜力的数据来源，它无须昂贵的人工标注就使得新种类的学习训练成为可能。

考虑到零样本学习和小样本学习的严重缺陷以及互联网上大量廉价易得的图片数据，本章提出弱样本学习的场景，其通过充足且廉价的互联网数据学习新种类而无须人工标注。如图 3.1 所示，给定一些需要学习但没有附带准确标注训练数据的细粒度的新种类，可从互联网上用类别名字作为检索词爬取大量的网络图片作为数据，并且同时利用带有充足准确标注训练数据的基础种类，两者的信息互相补充，共同帮助深度学习模型学习识别新种类。

弱样本学习是一个非常具有实用性和重要的学习模式。以汽车模型的细粒度种类识别为例，现有的 CompCar 数据集包括数百种汽车种类的带准确标注的训练数据，但通常需要去识别更广泛的、远超该数据集所覆盖范围的汽车模型种类。因为现有汽车有着庞大海量的种类数量，并且在不断地持续增长。在这种情况下，可以利用弱样本学习以方便、低成本的模式识别新种类。只需要从互联网上爬取大量关于新种类的图片数据就可以持续地学习新种类，而无须人工标注。

针对弱样本学习这个问题，本章提出了基于相似度迁移的方法，并将该方法命名为 SimTrans，其主旨思想如图 3.2 所示。图中各个图片样本的边框的颜色用以区分该图片的类别，图片之间的箭头表示两张图片之间的相似度，其值由箭头上的数字标明。语义相似度指的是两张图片是否是来自同一个类别，所以它是一个与类无关的信息，并具有高度的跨类别的可迁移性。本方法有两个训练阶段，如图 3.2 所示。

在第一个训练阶段［图 3.2(a)］，本方法利用基础类别的带准确标签数据来训练一个语义相似度网络，它接收一对图片并输出这对图片的语义相似度。同时，使用对抗损失代价函数增强语义相似度的可迁移性。在第二个训练阶段［图 3.2(b)］，本方法使用这个相似度网络计算网络图片之间的语义相似度。基于这个迁移而来的语义相似度，使用样本权重和图正则化这两个简单而有效的策略帮助新种类分类器在带噪声的网络图片中学习。使用这种方法，能够有效地利用迁移学习来以网络图片这种成本低廉的数据学习更多的细粒度种类，而更少地被其中的噪声干扰。

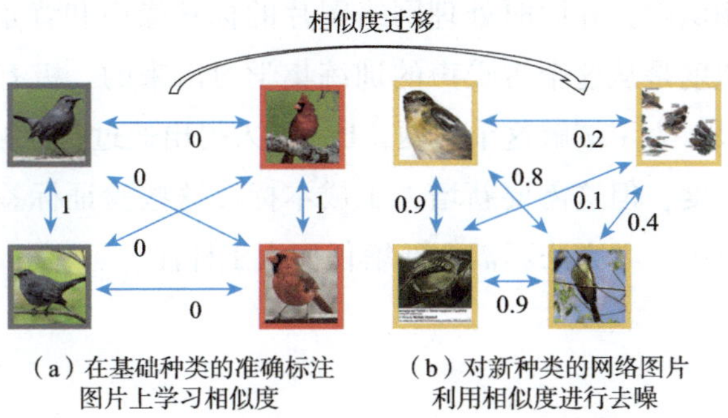

图 3.2　基于相似度迁移的方法示意图

为了验证本章所提出学习模式的实用性和模型算法的有效性，这里选择 CompCar、CUB、FGVC 这 3 个流行的、真实世界的、细粒度种类数据集来构造学习场景并进行实验探究。基于此，本章进行了大量深入的实验分析，并与相关工作进行了充分对比。这些实验的数值和可视化分析结果充分验证了弱样本学习场景的实用性以及本方法的有效性。

3.2　迁移学习与细粒度分类的相关工作

3.2.1　零样本和小样本学习

零样本学习和小样本学习与本章所提出的学习模式旨在用更低的成本覆盖更多的新种类，但所依赖的数据和方法有所不同，详细的学习模式和模型方法的这里不再赘述。本章所提出的弱样本分类模式相比于零样本分类和小样本分类有着无须人工标注以及具有更低模糊性的优势。

3.2.2　网络监督学习

由于深度学习的数据依赖瓶颈，使用网络数据学习分类器受到越来越多的关注。许多方法被提出来应对网络图片中的噪声，包括离群点筛除、鲁棒的代价函数、标签矫正、多实例学习等各种方法。与本章所提出的方法相关的方法中，使用相似度去噪也比较流行。例如，Guo 等人提出计算图片特征之间的欧氏距离，并根据这些距离为深度网络设计学习课程。Han 等人提出使用图片特征之间的余弦相似度选择类别的原型并纠正标签。Tu 等人提出使用自组织的存储模块构建图片和类别之间的相似度，并同时处理网络图片的标签噪声和背景噪声。然而，上述方法使用的相似度是从这个带噪声的训练集学习出来的，极有可能被噪声误导并产生较差的结果。为了缓解这个问题，Lee 等人提出通过验证标签直接学习图片和类别之间的相似度，但这需要新增人工成本标注这些验证标签。与上述方法不同，在弱样本学习中，本方法不需要新增任何人工标注。

3.2.3 弱样本学习

在更广阔的场景中，弱样本学习意味着在一些带有精细标注的基础类别的支持下，更好地去利用廉价易得的带粗糙标注的数据来学习的新种类。相似的弱样本学习已经在其他的计算机视觉任务中被探索过，包括目标检测、语义分割和实例分割。对于弱样本目标检测（也称为混合监督的或者跨类别监督的目标检测），基础种类带有完整检测框标注的数据，而新种类只包含图片级别的标签。对于弱样本语义分割，基础种类带有完整语义分割标注的数据，而新种类只包含图片级别的标签。对于弱样本实例分割（也称为部分监督的实例分割），基础种类带有完整的实例分割标注的数据，而新种类只包含检测框级别的标注。本章所提出方法首次在分类任务上研究弱样本学习的场景，并使用迁移的相似度为深度学习模型的训练数据进行降噪，所以本章所提出的模型算法具有创新性和实用性。

3.2.4 相似度迁移

相似度迁移作为一个有效的迁移学习方法已经被广泛应用于各种任务中。具体来说，语义相似度指两个输入的变量是否来自同一个语义类别，这个信息是与类无关的，所以可以较好地进行跨类别的迁移。例如，Guo 等人提出使用跨域迁移类别和类别之间的相似度与样本和样本之间的相似度来帮助主动学习。Hsu 等人提出在跨域和跨任务的应用中迁移图片与图片之间的相似度。Snell 等人提出学习并跨类别迁移图片和类别原型之间的相似度来应对零样本学习和小样本学习。本章提出从基础种类中学习图片和图片之间的语义相似度并将其迁移到新种类中为其网络数据进行去噪处理，这种方式尚未被探究过。

3.3　基于相似度迁移的模型算法

首先，正式定义一下本章的学习任务，然后再具体介绍所提出的方法。在弱样本学习中，有 c_b 个基础种类和 c_n 个新种类，并且两者之间没有重叠的类别。对于第 c 个基础种类，有 N_c^b 个人工标注过的训练图片，这些都是标签准确的数据，称为基础训练集。对于第 c 个新种类，有 N_c^n 个通过网络爬取得来的训练图片，这些都是带噪声的数据，称为新训练集。在测试阶段，给定一张来自新种类的图片，需要去识别它的种类。上述的场景是标准的弱样本学习。在广泛的现实应用中，测试图片通常可能来自基础种类和新种类，这种情况的场景称为拓展的弱样本学习。本章首先描述针对标准的弱样本学习所设计的方法，再介绍针对拓展的弱样本学习所改进的方法。

对于弱样本学习，本章提出的方法包括两个训练阶段：①在基础训练集上学习相似度网络；②在新训练集上学习新种类的分类器。

3.3.1　阶段一：学习相似度网络

对于相似度的种类，有很多种可以选择的形式，如欧式距离和余弦相似度，这里可使用端到端学习的深度网络来建模相似度函数，将其记为 SimNet。图 3.3 所示为 SimNet 的网络架构，其中输入一个批次的图片并且输出每一对图片之间的语义相似度分数。本方法同时使用二分类的损失函数与对抗损失函数来训练。

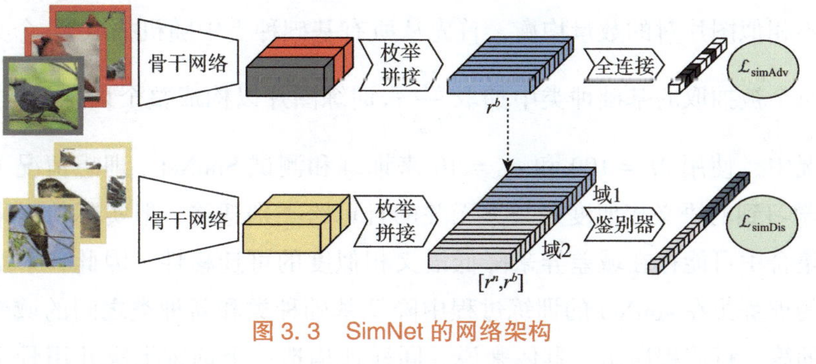

图 3.3　SimNet 的网络架构

具体地，将 M 张图片组成的一个批次记为 $\{\boldsymbol{x}_i\}_{i=1}^M$。首先使用骨干网络提取每一个图片的骨干特征向量，记为 $\{\boldsymbol{f}_i\}_{i=1}^M$。然后，一个枚举层会枚举批次中的每一

对图片，并拼接它们的骨干特征向量，即

$$[\boldsymbol{f}_i;\boldsymbol{f}_j]_{i=1,j=1}^{M,M} = \text{EnumLayer}(\{\boldsymbol{f}_i\}_{i=1}^{M}) \tag{3.1}$$

其中，EnumLayer(·) 表示枚举层，而 $[\boldsymbol{f}_i;\boldsymbol{f}_j]$ 表示两个特征向量的拼接。在得到一对图片特征向量的拼接后，使用一个全连接层来建模这对图片之间的关系，并得到它们之间的关系向量，$\boldsymbol{r}_{i,j}=FC([\boldsymbol{f}_i;\boldsymbol{f}_j])$。最后，另一个全连接层构成的线性分类器基于关系向量给出相似度分数，$\boldsymbol{s}_{i,j}=\sigma(FC(\boldsymbol{r}_{i,j}))$，其中 $\sigma(\cdot)$ 是 Sigmoid 函数，以保证相似度的值域是(0,1)。如果 $\boldsymbol{s}_{i,j}$ 的取值接近 0，则说明图片 $\boldsymbol{x}_i$ 和图片 $\boldsymbol{x}_j$ 具有较低的语义相似度，不太可能来自同一个类别；反之，则说明有较高的语义相似度，极大可能来自同一个类别。所以，使用二分类的损失函数来监督 SimNet 学习基础数据集上的语义相似度，即

$$\begin{aligned}\mathcal{L}_{\text{SimCls}} &= \frac{1}{M^2}\sum_{i,j}\text{BCE}(\boldsymbol{s}_{i,j}^{*},\boldsymbol{s}_{i,j}) \\ &= \frac{1}{M^2}\sum_{i,j} -\boldsymbol{s}_{i,j}^{*}\log_2(\boldsymbol{s}_{i,j}) - (1-\boldsymbol{s}_{i,j}^{*})\log_2(1-\boldsymbol{s}_{i,j})\end{aligned} \tag{3.2}$$

其中，BCE 表示二元交叉熵函数，并且 $\boldsymbol{s}_{i,j}^{*}$ 是相似度分数的真实标签。

关于 SimNet 的训练和测试情况，如果像普通的做法那样随机抽取训练图片来构成训练批次，那么相似的图片对和不相似的图片对会极度不均衡，这会导致 SimNet 难以学习到正确的图片语义相似度。具体而言，如果随机从 c 个基础种类的训练数据中抽取图片来构成训练批次，那么一对图片来自同一个类别的概率是 $\frac{1}{c}$，而实际情况中往往有数百个基础种类。所以，为了确保训练批次中的相似图片对和不相似图片对的数量均衡，首先从所有基础种类中随机抽取 c_m 个类别，然后再从每个被抽取的基础种类中抽取 $\frac{M}{c_m}$ 张训练图片以构成整个训练批次的数据。实际情况中，使用 $M=100$ 和 $c_m=10$ 来训练和测试 SimNet。理想情况下，利用 SimNet 学习到的语义相似度是与类无关的且可跨类别迁移，但实际情况中的不同种类的集合中可能存在域差异来降低语义相似度的可迁移性。因此，本章也使用新种类的训练集在 simNet 的训练过程中降低基础种类和新种类之间的域差异，如图 3.3 的第二行流程所示。具体来说，同样地构造一个训练批次并用骨干网络为它们提取骨干特征向量，然后得到其中图片对的关系特征。本章将基础种类的关系特征记为 r_b，将新种类的关系特征记为 r_n，然后用一个域鉴别器 Discriminator

并施加对抗损失减小两者之间的域差异，从而增加语义相似度的可迁移性。类似于经典的对抗网络训练方法，本方法交替并对抗式地优化 SimNet 和域鉴别器。首先，本方法冻结 SimNet 的网络参数，并优化鉴别器的对抗损失函数：

$$\mathcal{L}_{\text{SimDis}} = \frac{1}{M^2}\sum_{i=1}^{M}\sum_{j=1}^{M}\left[\log(1 - \text{Discriminator}(\boldsymbol{r}_{i,j}^{b})) + \log\text{Discriminator}(\boldsymbol{r}_{i,j}^{n})\right] \tag{3.3}$$

其中，Discriminator(·)输出每个关系特征来自基础训练集的概率。然后，本方法冻结域鉴别器的网络参数，优化 SimNet 的分类损失函数及其对抗损失函数。

$$\mathcal{L}_{\text{SimAdv}} = \mathcal{L}_{\text{SimCls}} - \beta\mathcal{L}_{\text{SimDis}} \tag{3.4}$$

其中，β 是一个均衡超参数，实验中的默认值为 0.1。通过这种方法，可使得 SimNet 学习到更具有可迁移性的语义相似度，使其能够更为准确地应用于后续的去噪环节。

3.3.2　阶段二：学习新种类的分类器

由于新种类使用的网络数据中带有大量噪声，直接基于此数据训练的分类器的性能会严重受损。为了解决网络数据中的标签错误，本章基于两个简单而有效的策略（样本加权和图正则化）使用迁移过来的语义相似度来帮助新种类的分类器的训练，如图 3.4 所示。其中，迁移而来的语义相似度指从基础种类中学习而来的 SimNet 计算新种类的训练样本之间的语义相似度。接下来将会详细介绍这两个策略。

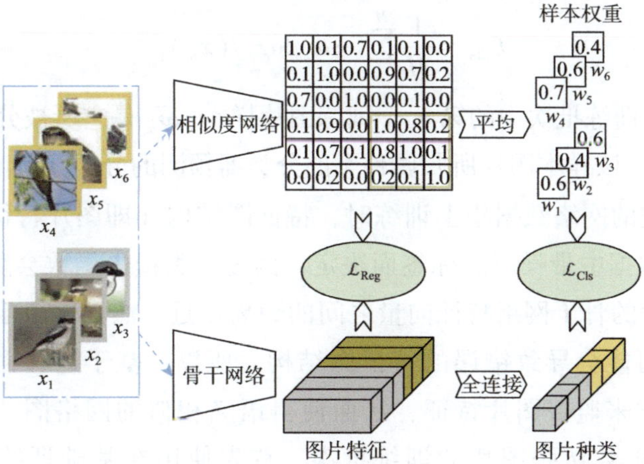

图 3.4　阶段二的流程概览图

对于每一个新种类的网络图片，可观察到其中大多数都是标签准确的图片，而标签错误的图片大多来自其他类别。当在一个新种类的网络图片中计算两两的相似度时，标签错误的图片往往会和其他大多数图片不相似。因此，可依据每个图片与同一新种类中其他图片的相似度来判断该图片是否是标签准确的图片。对于包含 N_c^n 张网络图片的第 C 个新种类，首先利用前文在基础训练集上学习好的 SimNet 从中提取相似度矩阵 $\boldsymbol{S}_c \in \mathbb{R}^{N_c^n \times N_c^n}$。相似度矩阵的一项 $\boldsymbol{S}_{c,i,j}$ 代表着第 C 个新种类中第 i 和网络图片和第 j 个网络图片之间估计的语义相似度。虽然相似度矩阵 $\boldsymbol{S}_c$ 可能有较大的规模，但这里实际上只有 N_c^n 次的骨干网络计算以及 $N_c^n \times N_c^n$ 次的两个全连接层的计算，所以总体的计算还是非常高效的。在得到了 $\boldsymbol{S}_c$ 后，使用第 i 张图片到所有同种类的图片的语义相似度的均值作为它的样本权重，即

$$\boldsymbol{\omega}_{c,i} = \frac{1}{N_c} \sum_{j=1}^{N_c} \frac{\boldsymbol{S}_{c,i,j} + \boldsymbol{S}_{c,j,i}}{2} \tag{3.5}$$

其中，$\boldsymbol{\omega}_{c,i}$ 代表着第 C 个新种类的第 i 张网络图片的样本权重。然后，使用归一化使得同类中的样本权重的均值为 1，即

$$\overline{\boldsymbol{\omega}}_{c,i} = \frac{\boldsymbol{\omega}_{c,i}}{\sum\limits_{j=1}^{N_c^n} \frac{\boldsymbol{\omega}_{c,i}}{N_c^n}} \tag{3.6}$$

其中，每个样本的权重将除以同类样本的权重均值。拥有更小 $\overline{\boldsymbol{\omega}}_{c,i}$ 的网络图片更可能是标签错误的图片。最后，基于 $\overline{\boldsymbol{\omega}}_{c,i}$ 使用加权的分类损失函数以抑制噪声对模型训练的影响，从而得到一个更鲁棒的新种类的分类器，即

$$\mathcal{L}_{\text{Cls}} = \frac{1}{M} \sum_{m=1}^{M} -\overline{\boldsymbol{\omega}}_m \log_2 f(\boldsymbol{x}_m)_{y_m} \tag{3.7}$$

其中，$\boldsymbol{x}_m$ 是这个训练批次中的第 m 个训练图片样本，$\overline{\boldsymbol{\omega}}_m$ 是它所被分配的样本权重，$f(\boldsymbol{x}_m)_{y_m}$ 是对应于该样本图片所归属种类的分类器预测的分类置信度。

当在新种类的网络数据集上训练时，特征图结构（即图片特征之间的语义相似度）由网络数据中带噪声的标签而决定，因为分类损失函数会隐式地将带有相同网络标签图片的骨干网络特征向量之间的距离拉近。然而，由于网络标签中带有噪声，所以可能会导致错误的特征图结构。所以，基于迁移而来的语义相似度使用图正则化来监督图片特征，从而使得语义相似的网络图片的特征能够相近。对于每个包含 M 张图片的训练批次，首先使用在基础训练集上学习好的 SimNet 计算它们的相似度矩阵 $\widetilde{\boldsymbol{S}} \in \mathbb{R}^{M \times M}$，通过把每个训练图片看作图中的节

点，一对图片之间的语义相似度看作图中边的权重。本方法使用图正则化来监督图片特征，即

$$\mathcal{L}_{\mathrm{Reg}} = \sum_{i,j} \widetilde{S}_{i,j} \| h(\boldsymbol{x}_i) - h(\boldsymbol{x}_j) \|_2^2 \tag{3.8}$$

其中，$\widetilde{\boldsymbol{S}}_{i,j}$ 代表这个训练批次中第 i 张图片和第 j 张图片之间的语义相似度，而 $h(\boldsymbol{x}_i)$ 代表由骨干网络从图片 $\boldsymbol{x}_i$ 中提取的特征向量。网络图片的带噪声标签中主要含有两种类型的噪声：离群点噪声和标签翻转噪声。其中，离群点噪声指的是该网络图片不属于当前任务中所关注的任何类别，而标签翻转噪声指的是该网络图片被错误地标记为另一个类别而非真实类别。对于标签翻转的噪声类型，之前所描述的样本权重的策略直接通过分配较低的权重来抑制其影响。然而，这里的图正则化策略能够利用这些网络图片来保持正确的特征图结构，能起到与样本权重互补的作用。

基于上述两个简单有效的策略，在新种类的训练集上通过同时优化加权分类损失和图正则化项来训练分类器，即

$$\mathcal{L}_{\mathrm{Full}} = \mathcal{L}_{\mathrm{Cls}} + \alpha \mathcal{L}_{\mathrm{Reg}} \tag{3.9}$$

其中，α 是一个均衡超参数，使用交叉验证方法将其设置为 0.1。

3.4　基于相似度迁移的弱样本细粒度分类实验分析

3.4.1　数据与实验设置

本章在 3 个广为流行的细粒度种类的数据集上进行实验：①Comp-Car 数据集；②CUB 数据集；③FGVC 数据集。对于 CUB 数据集，本章沿袭零样本学习和小样本学习中通常使用的种类划分。对于 CompCar 数据集和 FGVC 数据集这两个数据集，按照零样本学习和小样本学习中相同的比例（3∶1）随机划分基础种类和新种类。基础种类的训练数据和测试数据都来自原始已有的数据集。新种类的测试数据也来自原始数据集，但训练数据是从互联网的搜索引擎上爬取的图片数据。具体来说，CompCar 数据集中新种类的训练数据来自 WebCar 数据集，其中大概包含 30% 的噪声。而 CUB 数据集和 FGVC 数据集中新种类的 1 000 张训练图片都是由对应类别的名字从公开网站爬取然后删除邻近副本得到。这 3 个数据集的统计信息见表 3.1。

表 3.1　实验所用的 3 个细粒度数据集的统计信息

数据集	划分	类别数量	训练图片	测试图片
CompCar	基础种类	323	37	34
	新种类	108	510	36
CUB	基础种类	150	30	30
	新种类	50	1 000	30
FGVC	基础种类	75	67	33
	新种类	25	1 000	33

本章用 Python 3.7 和 Pytorch 1.0.0 在搭载着 Intel 9700k CPU 和两块 2090ti GPU 的 Ubuntu 18.04 操作系统中实现所提出的方法。所有数据集上的方法都施加了数据增强，其中包括了随机旋转、随机缩放裁剪、随机水平翻转。使用分类准确率作为衡量分类器的性能指标，并使用精准率、召回率和 F1 分数作为相似度网络的性能指标。对于基础数据集上相似度网络的训练，使用设有 0.01 学习率和 100 批次大小的随机梯度下降优化器训练 50 个周期。对于新数据集上分类器的训练，使用设有 0.005 学习率和 128 批次大小的随机梯度下降优化器训练 50 个周期。对于相似度网络和分类器的训练，在所有数据集上都使用 0.0001 的权重衰减和 0.9 的冲量大小。使用在 ImageNet 上预训练好的 ResNet-50 作为方法的骨干网络，并且实验所划分的新种类与 ImageNet 的 1 000 个类别没有交集。另外，为了公平比较，所有基准方法都使用同样的骨干网络。

3.4.2　与现有工作的比较

对于现有的工作，本章主要比较两种类型的方法：网络监督学习的方法和迁移学习的方法。对于网络监督学习，本章比较近期具有代表性的方法：SelfLearning、Metacleaner、CurriculumNet、SOMNet、Di-videMix、LearnToLearn、NLNL、JoCoR。网络监督学习的方法只是用新种类的训练数据来训练分类器。对于现有的迁移学习方法，这里主要有两种类型：小样本学习和知识迁移。对于小样本学习，本章比较 MetaBase-line、MAML、SNAIL。MetaBase-line 是一个基于度量学习的方法，所以用每个新种类的图片骨干网络提取的特征向量的均值作为每个新种类的中心。MAML 是一个基于元学习的方法，所以使用 16 个原型当作元学习样本。SNAIL 是一个基于存储的方法，所以使用对每个新种类使用 16 个原型当作小样本数据。对于知识迁移，设置 Distillation 基准线方法，它通过额外预测基础种类的分数分布进一步增强新种类的分类器。另一个直观的方法是 Finetune，它首先在基础训练集和新训练集的混合上训练分类器，然后在新训练集上微调新种类分类器。除此之外，尚未有能够同时利用跨类别迁移知识和为网络数据降噪的方法，所以直观地通过“后混合”方法来组合两类基准线方法中各自有代表性的方法。SOMNet 和 MetaBaseline 两者的组合命名为 Fusion1，而 DivideMix 和 MetaBaseline 两者的组合命名为 Fusion2。另外，还设置一个名为 ClsLoss 的基准线方法，直接在新数据集上进行训练，是最简单直观的方法。

本章在 3 个细粒度种类的数据集上进行对比试验，并把所有的结果汇总在表 3.2 中。在表中，可有下列观察：

（1）网络监督学习的方法相比于最简单的基准线有明显的提升，这直接展示了在新数据集上直接使用去噪方法带来的提升。

（2）小样本学习方法和知识迁移的方法相较于最简单的基准线有显著的提升，这直接显示了跨类别的迁移学习带来的提升。

（3）简单地将网络监督学习的方法和小样本学习的方法组合起来能够超越上述基准线方法，这直接证明了本章弱样本学习场景的有效性。进一步，本章所提出的方法表现出了比所有基准线方法更强劲的性能，这充分验证了基于相似度迁移使用样本权重和图正则化两个方法的有效性。

表 3.2　各种方法在 3 个细粒度种类数据集上的性能比较

方法名	CompCar	CUB	FGVC
ClsLoss	83.1	85.4	86.6
SelfLearning	85.1	87.3	88.1
MetaCleaner	84.9	87.1	88.3
CurriculumNet	85.2	86.8	87.9
SOMNet	86.0	87.9	88.6
DivideMix	86.2	88.0	89.1
LearnToLearn	85.3	87.6	88.4
NLNL	85.4	87.9	88.2
JoCoR	85.9	87.9	88.3
MetaBaseline	85.8	87.1	88.7
MAML	84.6	86.8	87.9
SNAIL	84.1	86.3	87.2
Distillation	83.7	85.9	87.3
Finetune	84.2	86.5	87.6

续表

方法名	CompCar	CUB	FGVC
Fusion1	86.8	88.3	89.7
Fusion2	86.9	88.5	90.0
SimTrans	**89.8**	**91.7**	**92.8**

3.4.3 模型可视化分析

本章可视化一些数据来验证本方法是否确实会将更高的权重分配给标签正确的网络图片，以及迁移而来的相似度是否与真实的语义关系保持一致。以 CUB 数据集中的 EveningGrosbeak 种类为例，把该种类中的所有网络图片按照所分配权重的大小进行排序，再取出权重最高的三张和最低的三张，然后计算它们的相似度矩阵，并将其可视化在图 3.5 中。

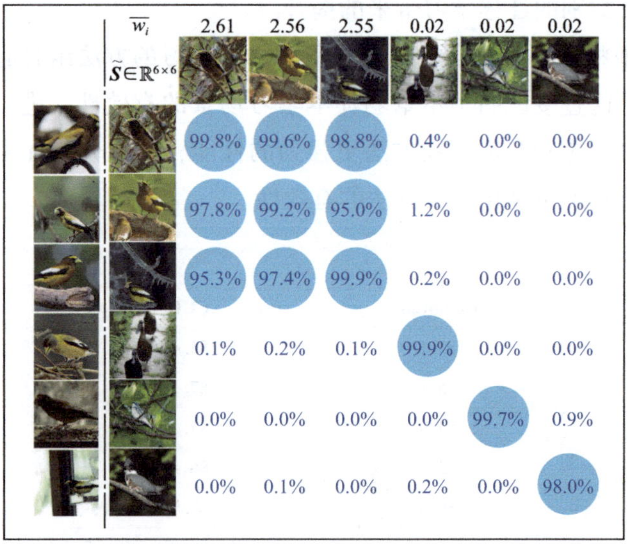

图 3.5　六个网络图片及它们被分配权重和相似度矩阵的可视化图

在该图中点画线的右侧，每个网络图片的上方注明了它被分配到的样本权重。在虚线左侧的一列，展示了该类别的一些正确的测试图片，用以参考正确图片的样子。由此，一方面可以看到被分配到较高权重值的图片都非常像标签正确的图片，而被分配到较低权重的图片都大概率属于离群样本。另一方面，能够发现迁移而来的语义相似度能够精准地描绘这些网络图片之间的语义相似度。在其他数据集上的其他类别都有类似的观察。由此可见，本章所提出的方法能够分配有效的样本权重以及正确的语义关系，从而使得新种类的分类器的性能得到提升。

3.4.4　模块消融实验分析

考虑到 CUB 数据集在现代计算机视觉任务中广泛流行，本章基于它进行消融实验以验证每个模块的有效性。具体来说，对本方法中各模块进行各种组合并评测最终的性能，然后将结果汇总在表 3.3 中。在该表中，分类损失是训练新种类分类器所用的代价函数，对抗损失表示在训练相似度网络的时候是否使用对抗代价函数，样本权重表明在训练新种类分类器的时候是否使用样本权重，而图正则化表示是否使用图正则化来训练新种类分类器。

表 3.3　模型中各个模块的性能贡献表

分类损失	对抗损失	样本权重	图正则化	最终性能/%
√				85.4
√		√		90.3
√			√	89.5
√		√	√	91.2
√	√	√		90.7
√	√		√	90.1
√	√	√	√	91.7

由此可见，仅使用样本权重就可以达到显著的提升，例如从 85.4% 提升到 90.3%。而仅使用图正则化也可以达到明显的性能提升，例如从 85.4% 提升到 89.5%。通过共同使用样本权重和图正则化，新种类分类器的性能能够得到进一步提升，例如从 85.4% 提升到 91.2%。而在训练相似度网络时使用对抗代价函数，最终模型的性能可以得到进一步提升，例如从 85.4% 提升到 91.7%。所以，各个模块均发挥着有效的作用，它们的共同协作使得新种类分类器在弱样本学习场景下表现出了优异的性能。

3.4.5　模型鲁棒性分析

在本小节中，主要分析新种类网络图片的数量和超参数取值两方面对本章所提出的模型算法的影响。

对于基础种类，训练数据是从已经标注的现成数据集中得来。对于新种类，从互联网上爬取网络图片作为训练数据。本实验使用不同数量的网络图片来训练新种类分类器，并将结果汇总在表 3.4 中。由此可见，本方法随着网络图片数量的增加而逐渐饱和，在大概 800 张网络图片时可达到不错的性能。并且，本模型的性能相较于各种基准线方法的提升都在不同数量的网络图片的取值上有一致的表现。

表 3.4　模型中各个模块的性能贡献表

方法名	网络图片/张				
	200	400	600	800	1 000
ClsLoss	78.5	82.7	84.3	85.2	85.4
Fusion1	80.7	84.9	87.1	88.2	88.3
Fusion2	81.0	85.1	87.2	88.3	88.5
Ours	**84.3**	**89.5**	**91.0**	**91.6**	**91.7**

本节分析方法中引入的超参数对性能的影响，其中 α 控制着图正则化项的强度，β 控制着相似度网络中对抗损失代价函数的强度，C_m 控制着抽取多少个随机种类为相似度网络构成训练批次，B 控制着相似度网络训练批次的大小。这些超参数的最优取值由交叉验证来决定，并在各个数据集中保持一致。改变单个超参数的取值并保持其余超参数的值不变，然后绘制模型的性能变化，如图 3.6 所示。其中，每个子图的横轴虚线指示着本方法中使用的默认数值。由图 3.6 可见，本方法对于这些超参数在一定的合适范围内有较好的鲁棒性。

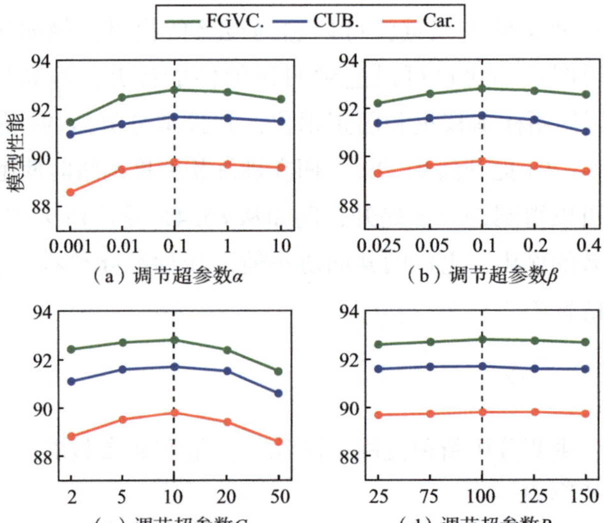

（a）调节超参数α　（b）调节超参数β

（c）调节超参数C_m　（d）调节超参数B

图 3.6　各个超参数对模型的性能影响示意图

3.4.6 相似度迁移的分析

在本小节中，评测在各种情况下的相似度网络性能，从而进一步分析相似度迁移的各种性质。虽然相似度迁移是用来为新种类的网络数据降噪的，没有关于网络数据的准确标签用来评测相似度网络的降噪性能，但本节可以利用新种类的带有准确标注的测试集图片来测试相似度网络的降噪性能。注意，这里评测相似度网络的性能指标（精准率、召回率、F1 分数）都是基于一对图片来计算，而非基于单个图片。本小节的实验也都是基于 CUB 数据集进行的。

首先，本小节量化分析相似度网络的可迁移性，可以由相似度网络对于基础种类的测试性能与新种类的测试性能之间的差距体现。具体来说，首先在 CUB 的 150 个基础种类的训练数据上训练好相似度网络，然后在 150 个基础种类的测试图片和 50 个新种类的测试图片上分别评测性能，为了排除基础种类和新种类不同类别数量的影响，同时也在随机抽取的 50 个基础种类的测试图片上评测性能，本节把这些结果汇总在表 3.5 中。其中，在前三行中，展示相似度网络在 150 个基础种类、50 个基础种类，150 个新种类上的性能。在最后一行中，展示了在 50 个类中随机抽取的性能。可以发现在基础种类上训练的相似度网络在新种类上的测试性能能够与在基础种类上测试的性能相近。该表中的结果意味着成对的语义相似度是在细粒度种类中有高度可迁移性的。

表 3.5 相似度的可迁移性分析表

种类范围	相似类别			不相似类别		
	精准率/%	召回率/%	F1 分数	精准率/%	召回率/%	F1 分数
150 个基础种类	84.4	87.7	86.0	98.6	98.2	98.4
50 个基础种类	89.0	88.2	88.6	98.7	99.0	98.8
150 个新种类	88.4	87.6	88.0	98.6	98.7	98.7
50 类随机抽取	10.0	50.0	16.7	90.0	50.0	64.3

然后，本小节分析相似度的形式与训练数据对其性能的影响。为了验证迁移的相似度的良好效果，本小节比较了不同类型的相似度函数在不同的训练数据上产生的结果，并把这些结果汇总在表 3.6 中。其中，余弦相似度指的是通常的特征向量计算余弦相似度的做法，而在欧氏距离中，使用欧式距离的倒数作为相似度。对于各种形式的相似度，可以使用不同的训练数据来学习。通过比较不同的训练数据所产生的最终分类器的性能，可以发现只使用基础数据集的效果最好，

并且新数据集的引入会导致最终分类器的性能下降。这直接验证了之前所讨论的带噪声的数据会严重降低相似度网络的性能，表明了使用标签准确的数据学习相似度的必要性，即使它们的种类没有交集。通过比较不同类型的相似度形式，可以发现相似度网络表现出的性能最好，表明了以端到端的形式学习相似度是最好的选择。

表 3.6　各种形式的相似度所导致的分类器的性能表

训练数据	所训练相似度的形式	最终分类器性能
新数据集	欧氏距离	86.2
新数据集	余弦相似度	86.4
新数据集	相似度网络	87.6
新数据集+基础数据集	欧氏距离	87.5
新数据集+基础数据集	余弦相似度	87.6
新数据集+基础数据集	相似度网络	89.5
基础数据集	欧氏距离	88.8
基础数据集	余弦相似度	89.1
基础数据集	相似度网络	91.7

最后，本小节分析训练较好的相似度网络所需的数据规模。这是一个自然而然想要知道的问题，因为展示了可以节省多少成本来应对新出现的类别。本小节从基础种类的数量和每个基础种类中的图片数量两方面来探究其影响。本小节主要展示相似度网络在新数据集的相似类别的 F1 分数和新种类分类器的准确率作为评测指标，并将其汇总在图 3.7 中。在该图中，第一行和第二行各自展示了分类器和相似度网络的性能，第一列是关于基础种类数量的变化，第二列是关于每个基础种类中带准确标注图片数量的变化。由此可见，第一列表明所提出的方法在基础种类数量大于 50 的时候都有较好的鲁棒性，第二列表明所提出的方法在每个基础种类中图片数量大于 5 的时候有较好的鲁棒性。

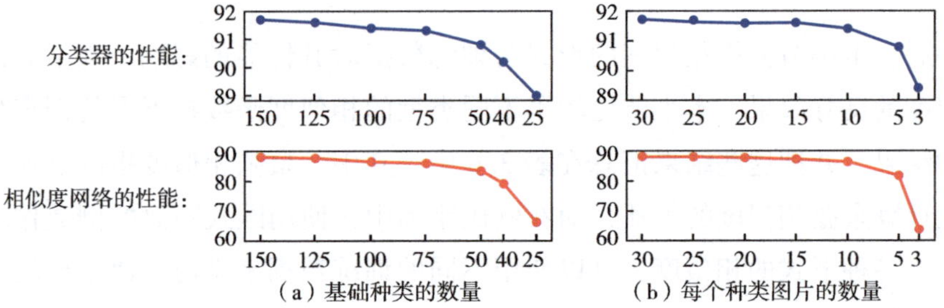

图 3.7　单独变化的种类和图片数量对模型性能影响图

此外，本节还探究了这两方面对性能的联合影响，并将结果记录在表 3.7 中。其中，表头的两个相乘的数字分别表示对应实验中使用的基础种类数量以及每个基础种类中的图片数量。从表中可以发现，只需要 50 个类别其中每类只包含 5 张图片，就可以使得新种类的分类器保持在一个满意的性能，例如 89.3% 相较 85.4%（直接训练分类器的性能）。因此，这些结果充分说明弱样本学习场景和所提出方法的有效性及潜力，意味着可以基于小规模的现成的基础训练集更好地学习广泛的细粒度新种类。

表 3.7　联合变化的种类和图片数量对模型性能影响表

基础种类数×每类图片数	50×5	75×5	50×10	150×30
相似度网络的性能	73.2	79.1	80.6	88.0
分类器的性能	89.3	89.9	90.4	91.7

3.4.7　拓展的弱样本学习探究

在拓展的弱样本学习场景中，测试图片可能来自基础种类或者新种类，所以测试集是基础种类测试集和新种类测试集的混合，这是一个更为贴近现实应用的场景。本小节拓展上述方法以及基准线方法在这个场景中进行比较。为了简单，本小节直接把基础训练集的带准确标签的数据当作噪声率为 1 的网络图片。对于本方法，第一阶段的相似度网络的训练过程保持不变，而在第二阶段额外加入基础训练集的数据训练。在这种情况下，本方法会给基础训练集的图片分配接近 1 的样本权重，而图正则化也可以用准确标签来监督基础训练集上的特征空间结构。

本小节比较最简单的基准线为 ClsLoss 和两个混合方法（Fusion1 和 Fusion2）。这些基准线方法都可以通过把基础训练集噪声率设为 1 直接应用。这些比较的结果汇总在表 3.8 中，可以看到迁移学习与网络监督学习的混合能够超过最简单的基准方法，而本方法表现出了最好的性能。所以，本方法在拓展的弱样本学习场景中同样有效，在各种现实应用中能够发挥实际的作用。

表 3.8　拓展的弱样本学习中各方法在 3 个数据集上的性能表

方法名	CompCar	CUB	FGVC
ClsLoss	76.3	73.3	76.9
Fusion1	77.5	74.8	78.8
Fusion2	78.1	75.0	79.3
SimTrans	**80.4**	**76.9**	**81.7**

3.4.8 性能显著性分析

本节对本章所提出的模型取得的性能提升进行统计学上的显著性分析。具体来说，选择性能最为强劲的基准线方法 Fusion2（即 DivideMix 和 MetaBaseline 两者的组合）作为比较方法，并在标准的弱样本学习场景中的所有数据集上进行统计和分析。使用从 1 到 10 的随机种子将两个方法都运行 10 次，并汇总记录各自的结果。

本方法在 CompCar 数据集上的“均值±标准差”是 89.7±0.30，在 CUB 数据集上的“均值±标准差”是 91.8±0.12，在 FGVC 数据集上的“均值±标准差”是 92.8±0.16。而基准线方法 Fusion2 在 CompCar 数据集上的“均值±标准差”是 86.8±0.25，在 CUB 数据集上的“均值±标准差”是 88.3±0.28，在 FGVC 数据集上的“均值±标准差”是 90.1±0.21。在显著性等级 0.05 的设置下，本小节进行显著性测试来验证本方法相较于 Fusion2 取得了性能提升。在 CompCar 数据集、CUB 数据集、FGVC 数据集上的 p 值（p-value）分别是 5.78e-15、3.07e-13、0.00，这些都远低于显著性等级 0.05。因此，这些分析充分验证了本章所提出模型取得的性能提升在统计学意义上是显著的。

小　　结

本章以图像分类这个具有代表性的视觉任务为例，致力于缓解细粒度分类任务中新种类的拓展需要昂贵的带准确标签数据的问题。为此，本章提出了弱样本学习，用基础种类的带准确标签的图片来帮助模型用更为廉价的网络图片学习识别新种类。并且，在弱样本学习中提出了基于相似度迁移的模型，从基础种类中学习相似度并将其迁移到新种类中，然后通过样本权重和图正则化来降低网络图片的噪声对分类器的干扰。另外，也提出了使用对抗损失函数来增强语义相似度的可迁移性。最后，在 3 个细粒度种类数据集上进行了大量深入的实验，充分验证了所提出的学习模式及模型方法的有效性。

第 4 章

基于相似度迁移的弱样本语义分割

第 3 章介绍了基于迁移学习的图像分类方法，并提出了弱样本学习和基于相似度迁移的去噪算法。本章将沿着弱样本学习的思路，进而将任务拓展到图像语义分割这个更具挑战性和应用价值的视觉任务上。虽然零样本语义分割和小样本语义分割可通过成本更低的标注来学习分割新种类，但它们有着显著缺点，并且目前难以产生高质量的分割结果。

为此，本章提出使用成本低廉的图片级语义标注学习分割新种类，并将这种学习模式称为弱样本语义分割。同时，提出从基础种类中学习“区域和像素相似度”以及“像素和像素相似度”并将其迁移到新种类中，从而为新种类产生分割结果并提供像素级监督。此外，提出使用一个补集代价函数来促进模型对新种类分割能力的学习。最后，在两个大型数据集上进行深入实验充分验证所提出的学习模式和模型方法的有效性。通过本项研究工作，可以使用更为廉价易得的仅带图片级别标签的图片让语义分割模型更好地从基础种类拓展到更多的新种类。

4.1 研究动机与方法简介

本章探究一个成本更为低廉但有效的学习场景，其中只需要为感兴趣的新种类提供图片级别标注即可。本章把这种新场景称为弱样本语义分割，其示意图如图 4.1 所示。其中，可以使用一些带有像素级别语义标签数据的基础种类来帮助从仅有图片级别语义标签的数据中学习如何为新种类产生分割结果。具体来说，可假设具有一个为基础种类标注了像素级别语义标签的标准语义分割数据集，并且其中的每一张训练图片额外带有新种类的图片级别语义标注。在测试阶段，各模型需要为基础种类和新种类都预测分割结果。

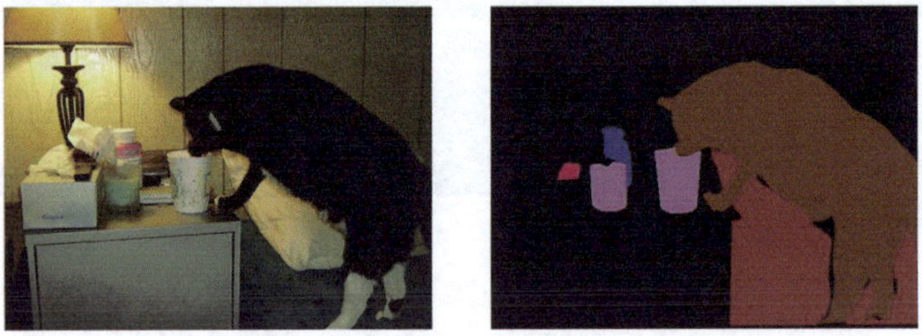

（a）样本图片　　（b）像素级标注

图 4.1　弱样本语义分割的场景示意图

对于本章所提出的弱样本语义分割任务，最关键的问题是如何利用基础种类的带有像素级别语义标签的数据来帮助模型从新种类仅有的带图片级别标签的数据中学习产生语义分割结果。本章所提出的方法名为 SimFormer，其基于 MaskFormer 这一语义分割模型进行相似度迁移，其概览图 4.2 所示。

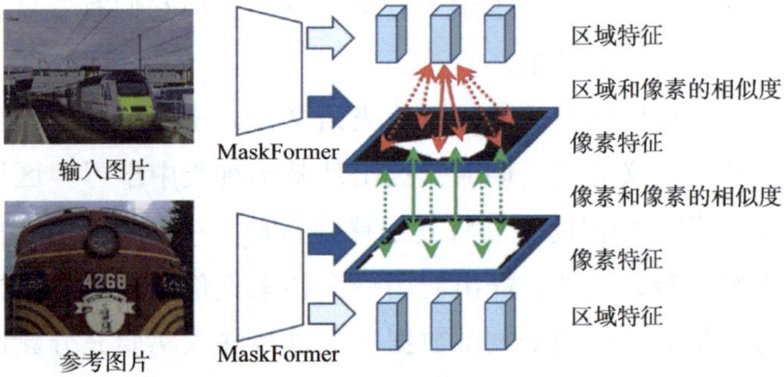

图 4.2　本章所提出方法概览图

具体来说，本章选择基于 MaskFormer 来构建模型，因为它将语义分割这个任务解耦成了两个独立的子任务：区域分类和区域分割。MaskFormer 首先使用若干个共享的查询特征从输入图片中产生若干个区域特征，其中每一个区域特征都负责表示图片中出现的一个类别（允许表示空类别）。然后，每一个区域特征分别进行对应于所负责类别的单分类和二分割的子任务。在本学习场景中，有基础种类图片级标签和像素级标签，可以为负责基础种类的区域特征提供两个子任务的监督。而此时只有新种类的图片级标签，只能为负责新种类的区域特征提供单分类子任务的标签。实际上，基础种类的二分割的子任务是在学习一个区域和像素之间的相似度，这属于一个成对的语义相似度，可以较好地跨类别迁移。因此，新种类的区域特征的二分割的子任务可以通过从基础种类中学习到的区域和像素相似度来完成。

为了进一步提升新种类的分割效果，本章额外提出像素和像素相似度迁移。具体来说，从带有像素级标签的基础种类中学习像素和像素之间的语义相似度，再将其迁移来估计新种类像素之间的语义相似度并蒸馏到新种类的语义分割结果中。通过这种方式，本模型能够被监督着产生蕴涵新种类的语义关系的分割结果。此外，本章还提出了一个补集代价函数，其设计思路来自新种类的区域是基础种类和忽略种类区域的补集的这一先验知识。这个代价函数能够为新种类的语义分割结果的并集提供有效的监督。

为了验证所提出场景的实用性和方法的有效性，本章选择 COCOStuff-10K 和 ADE20K 这两个流行的、真实世界的、极具挑战性的数据集来构造学习场景并进行实验。在这两个大型数据集上，本章进行了详细深入的实验分析，并与相关基准线方法进行了深入比较，这些实验的数值结果和可视化分析图充分验证了所提出弱样本语义分割场景的实用性和所提出方法的有效性。

4.2　迁移学习和语义分割方法的相关工作

4.2.1　弱监督语义分割

考虑到深度语义分割模型需要的大量昂贵的像素级语义标签，弱监督语义分割受到了广泛关注，它旨在只用带图片级语义标签的数据来训练语义分割模型。主流的弱监督语义分割模型首先训练一个分类器来提取类激活图，然后将其拓展得到伪造的像素级语义标注，再以此训练标准的语义分割模型。例如，Kolesnikov 等人提出了“种子、拓展、约束”的 3 个准则而极大地推动了弱监督语义分割的发展。在相同的流程下，Chang 等人聚焦于增强“种子”的准确度，而 Huang 等人则侧重于改进“拓展”的策略。

虽然弱监督语义分割已经取得了巨大的成就，但仍难以将类激活图拓展覆盖完整的类别区域，这是因为没有像素级别的语义标签来提供关于物体幅度的信息。幸运的是，在本章所提出的场景中，关于物体幅度的信息可以从已有的带有像素级别的语义标签的种类中提炼，并将其迁移从而帮助新种类的弱监督语义分割。

4.2.2 弱样本学习

弱样本学习是利用迁移学习来帮助弱监督学习的学习场景，有着广泛而实际的应用。3.2.3 节中已经大致介绍过弱样本学习的相关内容，所以在本小节中仅介绍与本章内容密切相关的内容。类似与本章弱样本语义分割的学习场景也在 RETAB 这一项语义分割工作中被探究过。关于学习场景上的比较，RETAB 额外假设现有的带像素级别标签的数据集中不包含新种类的事务，同时也假设由各种忽略类别组成的背景类别也带有像素级别的标注，然而这两个假设在现实应用中难以成立。相比之下，本章所提出的弱样本语义分割的学习场景更为简明和贴近现实。

关于技术方法上的比较，RETAB 沿袭主流弱监督语义分割的流程，需要一个繁杂琐碎的流程，即首先训练分类器，再提取类激活图，然后拓展得到伪造的像素级别标签，最后训练分割模型。相比之下，本章所提出的方法基于 MaskFormer 来进行双重相似度迁移，只需要一个端到端的简练流程就可以达到令人满意的性能。

4.2.3 相似度迁移

前面 3.2.4 节中已经大致介绍过相似度迁移的相关内容，本章所提出的方法在思路上也是学习语义相似度并将其进行跨类别迁移。与前文的图片和图片的语义相似度的形式不同，本章的方法学习和迁移的是“区域和像素”“像素和像素”这两种语义相似度。而且第 3 章的方法需要在第一个训练阶段先学习语义相似度，然后在第二个训练阶段迁移语义相似度，而本章的方法基于 MaskFormer 解耦的两个子任务同时学习并迁移语义相似度，有着更为简练的流程。

4.3 基于相似度迁移的模型算法

本节先正式地定义一下本章的学习任务，再具体介绍所提出的方法。首先，有一个现成的为基础种类 $\mathcal{C}_b$ 所构建的标准的语义分割数据集。其中的每个训练图片仅带有基础种类的像素级别标注，而不在 $\mathcal{C}_b$ 中的类别的像素都只带有忽略类别的标签，如值为 255 的标注。在弱样本语义分割中，还额外想进一步分割另一些新种类 $\mathcal{C}_n$，所以额外假设对于每个训练图片也有其中新种类的图片级别的标签，这是一种更为廉价易得的标注形式。其中基础种类和新种类的类别之间没有交集，即 $\mathcal{C}_b \cap \mathcal{C}_n = \varnothing$。总之，对于训练集中的每张图片，对于 $\mathcal{C}_b$ 和 $\mathcal{C}_n$ 都拥有图片级别的语义标签，而仅对 $\mathcal{C}_b$ 有像素级别的语义标签。在测试阶段，需要为 $\mathcal{C}_b$ 和 $\mathcal{C}_n$ 都产生语义分割的结果。

4.3.1　模型基础介绍

本章所提出的模型是以 MaskFormer 为基础，所以在本小节中先大致描述一下 MaskFormer 的算法。如图 4.3 的上半部分所示，MaskFormer 总体的做法是将语义分割这个任务分解为区域分类及区域分割这两个子任务。具体来说，MaskFormer 在模型中维护 N 个可学习的查询特征向量 $Q \in \mathbb{R}^{C \times N}$，它是在所有的输入图片上共享使用的。当一个图片输入时，模型首先使用骨干网络从中提取骨干特征图 $F \in \mathbb{R}^{C \times H \times W}$。然后，$N$ 个查询特征通过自注意力解码器从骨干特征图中适应性地结合骨干特征来产生 N 个区域特征向量 $F_{\text{prop}} \in \mathbb{R}^{C \times N}$。接下来，二部匹配算法会为每个区域特征向量分配图片中出现的一个类别，这个过程会考虑后续的分类子任务与分割子任务的代价函数的值。

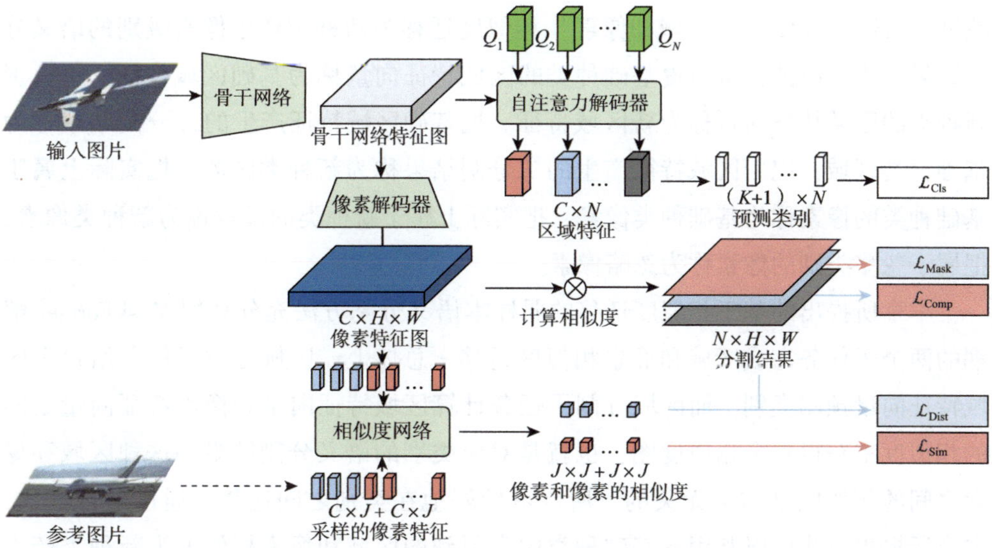

图 4.3　弱样本语义分割方法的总体架构图

对于区域分类的子任务，每一个区域特征向量会被输入一个由若干个全连接层构成的分类器来预测所属类别的概率 $Y \in \mathbb{R}^{(K+1) \times N}$，其中 $K+1$ 是包括基础类别和新种类的类别总数以及 1 个忽略类别。对于区域分割的子任务，首先用像素特征解码器从骨干特征图中提取分辨率更高的像素特征图 $F_{\text{pix}} \in \mathbb{R}^{C\times H_{\text{pix}}\times W_{\text{pix}}}$。然后，区域特征与像素特征图计算内积来产生二分割的结果 $M \in \mathbb{R}^{(K+1)\times H_{\text{pix}}\times W_{\text{pix}}}$，即

$$\boldsymbol{M}[i,h,w] = \sigma(\boldsymbol{F}_{\text{prop}}\text{prop}[\,:,i] \cdot \boldsymbol{F}_{\text{pix}}[\,:,h,w]) \tag{4.1}$$

其中，σ 是 Sigmoid 函数，而“·”代表着两个向量之间计算内积。在训练阶段，每个区域特征向量的两个子任务被所负责类别的分类和分割标注所监督（忽略类别没有分割监督）。

在测试阶段，每一个图片中位于坐标 (h,ω) 的像素的分割结果由分类分数作为权重把各个区域的分割结果汇总起来获得，即

$$\tilde{c} = \frac{\text{argmax}}{c\in\{1,\cdots,k\}} \sum_{i=1}^{N} \boldsymbol{Y}[c,i] \cdot \boldsymbol{M}[i,h,w] \tag{4.2}$$

其中，$\tilde{c}$ 是模型对坐标 (h,ω) 的像素预测的语义分割类别。关于 MaskFormer 更细节的内容可以参考这一项语义分割的工作中的描述。

4.3.2 模块一：区域和像素的相似度迁移

在本章所探究的弱样本语义分割场景中，对于新种类只有带图片级别标签的数据，所以选择使用“区域和像素”相似度迁移为新种类产生像素级别的语义分割结果。为了简洁，将负责基础种类的区域特征向量称为基础区域特征，将负责新种类的区域特征向量称为新区域特征。把基础区域特征产生的二分割结果称为基础种类区域，把新区域特征产生的二分割结果称为新种类区域。把实际上属于基础种类的像素称为基础种类像素，把实际上属于新种类的像素称为新种类像素，把属于忽略类别的像素称为忽略像素。

本章所提出的基于相似度迁移的弱样本语义分割方法充分利用 MaskFormer 解耦的两个子任务完成区域和像素相似度迁移。总体上，区域分类子任务给每个区域特征向量预测类别，而区域分割子任务计算区域特征向量和像素特征向量之间的相似度来获得一个相似度图，也就是对应类别的语义分割结果。这种区域和像素之间的相似度是与类无关的，所以可较好地在类别之间迁移。通过这种方式，本章所提出方法可以利用从基础种类中学习到的区域和像素相似度为新种类产生较好的分割结果。

具体来说，本章所提出方法如图 4.3 所示，其中首先使用 MaskFormer 为每张输入的图片产生 $F_{\text{prop}} \in \mathbb{R}^{C\times N}$。由于在弱样本语义分割中没有新种类的像素级别的语义标签，使用二部匹配算法为新种类分配区域特征向量时忽略分割子任务的代

价函数的值。对于区域分类这个子任务，由于具有所有类别的语义标签，所以所有的区域特征向量会被监督着预测其负责的语义类别。所以，有如下的分类代价函数

$$\mathcal{L}_{\text{Cls}} = \sum_{i=1}^{N} -\log_2(\boldsymbol{Y}[y^*(i), i]) \tag{4.3}$$

其中，$y^*(i)$ 是第 i 个区域特征向量所负责的语义类别的下标索引。对于区域分割这个子任务，由于只有基础种类的像素级语义标签，所以只有基础种类区域有对应该种类的分割代价函数，即

$$\mathcal{L}_{\text{Mask}} = \sum_{y^*(i) \in \mathcal{C}_b} \mathcal{L}_{\text{FocalDice}}(\boldsymbol{M}[i,:,:], \boldsymbol{M}^* y^*(i)) \tag{4.4}$$

其中，$\boldsymbol{M}^*(y^*(i))$ 表示第 i 个区域特征向量所负责的语义类别的像素级别准确标注的分割结果，而 $\mathcal{L}_{\text{FocalDice}}(\cdot, \cdot)$ 是一个二分割的代价函数，由聚焦损失函数和差异损失函数组成。通过这种方式，在基础种类的分割代价函数的监督下，基础区域特征向量将会和所有像素特征向量产生二值的相似度，也就是每个像素与区域相似或不相似。由于成对的语义相似度是与类无关的，所以该相似度可以高质量地跨类别迁移。因此，即使新种类产生的分割结果没有被像素级别的语义标签来监督，也可以直接计算新种类的区域特征向量与像素特征向量之间的内积，从而为新种类产生高质量的分割结果。

4.3.3　模块二：像素和像素的相似度迁移

在弱样本语义分割中，由于缺少新种类的像素级语义标签，新种类的分割结果较难在训练图片中产生精准的语义一致性。所以，本章提出了一种新的策略来从基础种类的像素级语义标签中学习像素对的语义相似度，然后将这种语义相似度蒸馏到新种类的跨图片的像素中。

具体来说，为了学习跨图片的像素和像素的语义相似度，本章为每一个输入图片随机抽取另一张训练图片作为它的参考图片，如图 4.3 的下半部分所示。由于有所有训练图片的图片级语义标签，尽可能地确保参考图片和输入图片中包含相同的基础种类和新种类，然后从输入图片和参考图片中分别采样像素点来组成跨图片的像素对。如果一个像素对中至少有一个像素属于基础种类，则将这种像素对称为基础种类像素对；若该像素对中的两个像素都不属于基础种类（属于新种类或忽略种类），则称为非基础种类像素对。相似度网络的输入是两个像素的特征向量的拼接，在六层全连接层的计算后，由 Sigmoid 函数来输出该像素对的相似

分数（0代表不相似，1代表相似）。

首先，根据输入图片和参考图片的基础种类从两个图片各自采样 J（实验中 $J=100$）个基础像素，尽可能地构成 $J\times J$ 个在相似和不相似两个类别中均衡的像素对。将基础像素对的特征向量的拼接称为基础像素对特征，记为 $F_{\text{pairB}}\in\mathbb{R}^{(C+C)\times J\times J}$。像素相似度网络输入 F_{pairB}，然后预测基础像素对的分数，记为 $\boldsymbol{R}_b\in\mathbb{R}^{J\times J}$。因为有基础种类像素级别的语义标签，所以可以计算得到基础像素对的相似度标签。使用二分类代价函数来监督像素相似度网络，即

$$\mathcal{L}_{\text{Sim}}=\text{BCE}(\boldsymbol{R}_b,\boldsymbol{R}_b^*)=-\boldsymbol{R}_b^*\log\boldsymbol{R}_b-(1-\boldsymbol{R}_b^*)\log_2(1-\boldsymbol{R}_b) \tag{4.5}$$

其中，$\boldsymbol{R}_b^*$ 是从基础种类的像素级标注中推导出的基础像素对的真实相似度。

为了将这种像素和像素之间的语义相似度蒸馏到新种类的像素分割结果中，本章同样也在输入图片和参考图片上的非基础种类的区域各自随机采样 J 个像素，从而构成非基础种类像素对，记为 $F_{\text{pairB}}\in\mathbb{R}^{(C+C)\times J\times J}$。由于输入图片和参考图片含有相同的新种类，所以采样得到的像素对概率实际上属于同一个新种类，从而为新种类的像素注入跨图片的语义一致性。使用像素相似度网络来估计非基础种类像素对的真实语义相似度，即 $\boldsymbol{R}_n$，并将其在深度模型中的梯度屏蔽以作为蒸馏过程中的稳定信息源。对于蒸馏的目的地，计算新种类在像素上的分割分数，即

$$\boldsymbol{S}_N=\sum_{i=1}^{N}\boldsymbol{Y}[c,i]\cdot\boldsymbol{M}[i,:,:]_{c\in\mathcal{C}_n} \tag{4.6}$$

然后，收集输入图片中抽取到的新种类像素的分割分数，记为 $\boldsymbol{S}_{\text{InputN}}\in\mathbb{R}^{|\mathcal{C}_n|\times J}$。同时也收集参考图片中抽取到的新种类像素的分割分数，记为 $\boldsymbol{S}_{\text{RefN}}\in\mathbb{R}^{|\mathcal{C}_n|\times J}$。最后，通过下列代价函数把基础种类学习到的相似度蒸馏到新种类的分割分数中：

$$\mathcal{L}_{\text{Dist}}=\text{BCE}(\text{ReLU}(\text{Cos}_{\text{enum}}(\boldsymbol{S}_{\text{InputN}},\boldsymbol{S}_{\text{RefN}})),\boldsymbol{R}_n) \tag{4.7}$$

其中，$\text{Cos}_{\text{enum}}(\cdot,\cdot)$ 通过遍历这两组输入的特征向量集合中的 $|\mathcal{C}_n|$ 向量对计算余弦相似度。考虑到0值的余弦相似度代表着互相独立（也就是不相似），本章使用ReLU函数保留非负的部分。而BCE就是前文所用到的二元交叉熵代价函数，通过它来迫使蒸馏的目标靠近蒸馏的源头。通过这种方式，基础种类的像素和像素之间的语义相似度被迁移到新种类中，从而帮助新种类的分割结果达成跨图片的像素级语义一致性。

4.3.4　模块三：补集代价函数

虽然缺少像素级别的语义标签对于新种类施加监督，但有一个关于基础种类、新种类、忽略种类的先验知识，即在一张图片中，基础种类的区域和新种类的区域以及忽略种类的区域的并集是整个图片的全集。因此，本章提出一个补集代价函数将这种先验知识嵌入模型中：

$$\mathcal{L}_{\text{Comp}} = \mathcal{L}_{\text{FocalDice}}\left(1 - \bigcup_{y^*(i)\in\mathcal{C}_b} \boldsymbol{M}^* y^*(i)\right), \bigcup_{y^*(i)\in\mathcal{C}_b+\text{ignore}} \boldsymbol{M}[i,:,:]) \tag{4.8}$$

其中，∪ 是取并集运算符，二分割代价函数的第一个输入项是图片中所有基础种类区域并集的补集，而第二个输入项是所有新种类区域和忽略种类区域的并集。由于忽略类别区域特征向量产生的分割结果是没有意义的，所以这里使用一个常数 γ（暗含在集合中）来替代（实验中的默认值是 0.1），这也是一个忽略类别的先验概率。这个先验类别的设置与弱监督语义分割通用做法中背景类别的阈值设置有相同的初衷。

4.3.5　训练和测试流程

本章所提出方法的训练阶段的流程与 MaskFormer 大致相同。训练阶段完整的代价函数是

$$\mathcal{L}_{\text{Full}} = \mathcal{L}_{\text{Cls}} + \mathcal{L}_{\text{Mask}} + \mathcal{L}_{\text{Sim}} + \alpha\,\mathcal{L}_{\text{Dist}} + \beta\,\mathcal{L}_{\text{Comp}} \tag{4.9}$$

其中，$\mathcal{L}_{\text{Cls}}$ 和 $\mathcal{L}_{\text{Mask}}$ 暗含了 MaskFormer 中默认的超参数，同时 $\mathcal{L}_{\text{Sim}}$ 实际上是一个分类的代价函数，所以与 $\mathcal{L}_{\text{Cls}}$ 有着较好的均衡状态。这里使用 α（默认值是 0.1）来均衡蒸馏代价函数，使用 β（默认值是 0.2）来均衡补集代价函数。对于测试阶段的流程，本章方法如同 MaskFormer 一样，使用式（4.2）为每个像素产生语义分割结果。本模型只需要一个训练阶段即可达到让人满意的性能，相比于多阶段的 RETAB 和主流的弱监督分割方法有着简练方便的显著优势。

4.4　基于相似度迁移的弱样本语义分割实验分析

4.4.1　数据与实验设置

对于所提出弱样本语义分割的学习场景与基于相似度迁移的方法，本章使用两个具有广泛代表性和挑战性的数据集进行探究和验证：COCO-Stuff-10K 和

ADE20K。这两个数据集都覆盖了大量的语义种类和充足的训练样本，非常适合用来探究弱样本语义分割的学习场景。其中，COCO-Stuff-10K 数据集覆盖了 171 个语义种类，含有 9 000 张训练图片和 1 000 张测试图片。而 ADE20K 数据集覆盖了 150 个语义类别，含有 20 000 张训练图片和 2 000 张测试图片。这两个数据集都是标准的语义分割数据集，为了使用它们模拟弱样本语义分割场景，本章随机将所有语义类别不含交集地划分为基础种类和新种类。

对于每个训练图片，本章保留其中新种类的图片级语义标签，并将新种类的像素级语义标签移除（通过将新种类的像素的语义标签设置为忽略类别）。本章沿袭 RETAB 中 3∶1 的对基础种类和新种类的划分比例，这也是广泛应用于零样本学习和小样本学习的划分比例。在每个使用的标准数据集上使用 4 个随机划分来进行试验，以缓解类别划分的随机性对模型性能的影响。在网络架构上，沿袭 MaskFormer 的设置并使用 ResNet-50 在 ImageNet 上预训练的模型作为骨干网络。

本章使用语义分割中广泛应用的交并比（IoU）来评测模型对各个类的语义分割性能，然后计算类别的均值（mIoU）作为模型的最终性能。具体来说，本章使用 Detectron2 开源代码库公开的代码接口公平地计算并评比。由于基础种类在弱样本语义分割的场景中始终都含有完整的像素级别语义标签来提供监督，所以在实际情况下各个方法关于基础种类的分割性能都较为接近和鲁棒。为了更好地突显对仅含有图片级别语义标签的新种类的性能，本书在实验中只计算新种类的 mIoU（平均交并比）作为评测指标。

在实现细节上，本章总体上沿袭 Detectron2 和 MaskFormer 在各个数据集上的设置。具体来说，本章使用带有多项式学习率曲线的 AdamW 优化器，将初始的学习率设置为 1e-4，将权重衰减参数设置为 1e-4。对于数据增强，使用随机水平翻转、随机颜色抖动、随机大小抖动，以及随机裁剪。对于 COCO-Stuff-10K 数据集，使用 640×640 像素的随机裁剪大小和 8 的训练批次大小，并总共训练所有的方法 60 千次迭代。对于 ADE20K 数据集，使用 512×512 像素的随机裁剪大小和 8 的训练批次大小，并总共训练所有的方法 160 千次迭代。

在测试阶段，本章把测试图片的最短边缩放到对应数据集的随机裁剪尺寸。本章的代码是构建在 MaskFormer 的公开代码库上。本章使用的是 Python 3. 7，Pytorch 1. 8. 0，和 Detectron 20. 6。关于系统环境，在搭载着 32 GB Intel9700K CPU 和 4 NVIDIA3090GPUs 的 Ubuntu 18. 04 操作系统上进行实验。在所有的实验中，除非特别声明，都使用 0 作为随机种子。

4.4.2 与现有工作的比较

关于在弱样本语义分割场景中的基准方法，设置下列 3 种类型的现有方法。第一种类型是有代表性的弱监督语义分割方法，包括 SEAM、CONTA、CPN、RIB。第二种类型是弱样本语义分割的前身工作，包括 RETAB。第三种类型是标准的语义分割模型，由带有像素级别的语义标签数据训练得到的 MaskFormer，记为 FullyOracle。由于弱监督语义分割的方法和 RETAB 都需要一个重新训练的阶段达到最终的分割性能，并且训练图片中都含有基础种类的像素级语义标签。本书使用混合标签重新训练所有的基准方法。

具体来说，混合标签由基础种类的像素级准确的语义标签和新种类的像素级伪造的语义标签共同组成，其中新种类的伪造标签由推导和拓展类激活图得来。为了保证方法对比的公平性，本章使用各个方法生成的像素级混合标签重新训练一个标准的 MaskFormer 模型，并且保持与本方法一致。因此，所有的方法在网络架构和训练设置方面是完全相同的。本章提出的方法也可以附加一个重新训练的阶段进一步提升性能。其中，生成的混合标签由基础种类的像素级语义标签和模型预测的分割结果作为伪造的新种类像素级语义标签两者组成，而非使用类激活图来获取伪造标签。

所有方法在 2 个数据集的 4 个类别划分下的结果汇总见表 4.1，其中带有“ * ”的方法名表示该方法附加了一个重新训练的阶段，而最优的结果使用粗体表示。由此可见，本方法即使没有重新训练的阶段，也大幅度超过了弱监督语义分割的基准方法和 RETAB 方法，例如，相较于 RETAB 超过了 2.7% 的性能，直接显示了本方法通过区域与像素相似度和像素与像素的相似度迁移带来的性能优势。同弱监督语义方法一样增加一个重新训练的阶段，本方法的性能得到了进一步提升，大概有 1.9% 的性能提升。通过与性能上界 FullyOracle 的性能比较，带有重新训练阶段的方法可以在这两个非常有挑战性的数据集上达到让人满意的性能，大概是性能上界的 77% ~ 89%。实验的结果充分展示了双重相似度迁移方法对于仅使用图像级语义标签学习新种类的潜力。

表 4.1　各种方法在 2 个数据集的 4 个类别划分下的结果

方法名	COCO-stuff-10K				ADE20K			
	划分 1	划分 2	划分 3	划分 4	划分 1	划分 2	划分 3	划分 4
SEAM*	22.2	17.1	22.4	21.5	25.6	22.2	20.0	21.1

续表

方法名	COCO-stuff- 10K				ADE20K			
	划分 1	划分 2	划分 3	划分 4	划分 1	划分 2	划分 3	划分 4
CONTA*	23.5	17.7	23.2	22.5	26.7	23.6	20.6	21.6
CPN*	23.4	18.9	23.8	23.0	27.1	24.2	20.8	21.9
RIB*	24.1	18.7	24.4	23.3	28.7	25.9	21.3	22.2
RETAB*	29.3	23.6	29.9	29.4	33.8	30.8	25.9	26.3
Ours	32.9	27.0	31.6	33.3	36.2	32.9	27.3	28.7
Ours*	**34.7**	**27.8**	**33.7**	**35.2**	**38.0**	**35.4**	**30.6**	**32.2**
FullyOracle	37.8	34.6	43.2	39.4	46.9	43.8	38.1	35.8

除了数值比较之外，本章也在图 4.4 中提供了可视化的比较。在该图中，显示了各种方法在 COCO-Stuff-10K 数据集和 ADE20K 数据集上的分割结果可视化。在（a）、（b）列中显示输入图片和真实标注，并且在（c）列中显示基础种类和新种类的区域图，其中用红色表示基础像素并用蓝色表示新像素。在（d）、（e）、（f）列中展示各方法的结果。在图中用白虚线框凸显各个方法的结果中主要的差异。本章选择带有重新训练阶段的弱监督语义分割中有代表性的 WSSS 和 RETAB 作为可视化比较的基准方法。

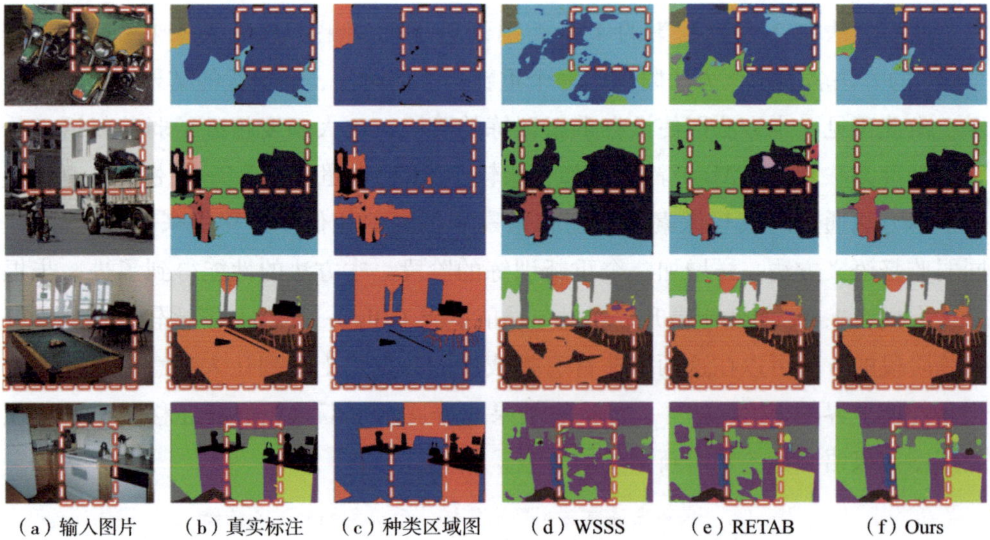

图 4.4　各种方法的可视化比较

如图 4.4 所示，弱监督语义分割方法对于新种类更倾向于产生不完整的分割结果，而本方法相较于 RETAB 能产生更完整、更准确的分割结果。即使在复杂的场景中，例如第 2 行和第 3 行，本方法仍然能够为新种类预测更细致准确的语义分割结果。

图 4.5 提供了各种方法在 COCO-Stuff-10K 数据集上更多的补充可视化比较，图 4.6 提供了各种方法在 ADE20K 数据集上更多的补充可视化比较。总体上，弱监督语义分割结果可能由于对于不准确的类激活图进行拓展而遭受未充分拓展和过度拓展两个严重问题。一方面，它们很可能会产生严重不完整语义分割结果，如图 4.5 中的第 2 行和图 4.6 中的第 1 行所示。另一方面，它们也很可能过度拓展语义分割结果，如图 4.5 中的第 5 行所示和图 4.6 中的第 3 行所示。而本章所提出的方法使用双重相似度迁移为新种类产生有效的语义分割结果，本小节在数值上的比较和可视化上的比较都充分验证了本方法的有效性。

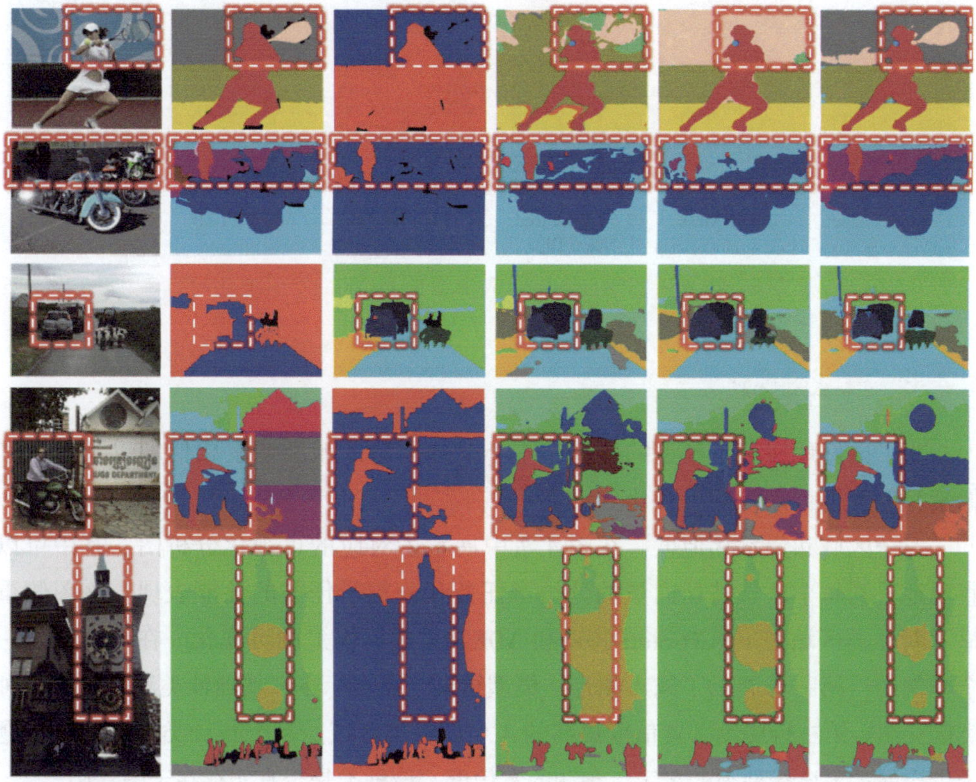

图 4.5　各种方法在 COCO-Stuff-10K 数据集上的可视化补充比较

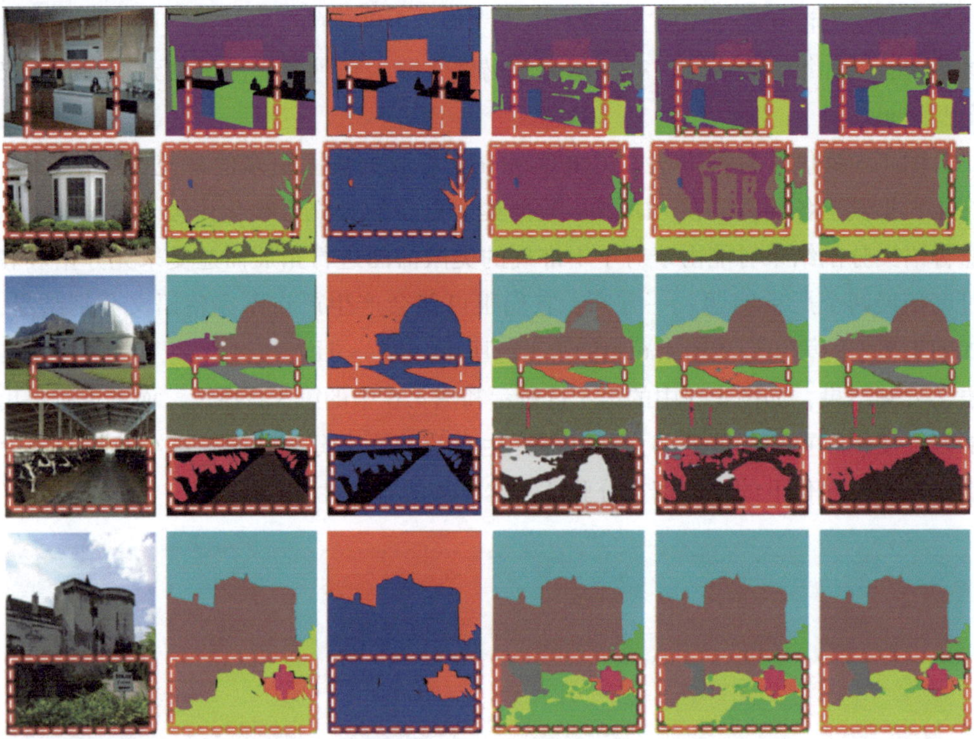

(a) Input Image　(b) GT Mask　(c) Base Red; Novel Blue　(d) WSSS　(e) RETAB　(f) Ours

图 4.6　各种方法在 ADE20K 数据集上的可视化补充比较

4.4.3　模型可视化分析

为了更好地探究本模型的效果，本小节分别对区域和像素相似度以及像素和像素相似度进行深入的可视化分析。

对于区域和像素相似度，在图 4.7 中展示了对应的可视化分析图，其中可以直观地看到每个区域特征向量的分类子任务和分割子任务的性能表现。该图侧重显示新种类区域在 COCO-Stuff-10K 和 ADE20K 数据集上的可视化。在图中的每一个样例中，第一行展示了输入图片、模型结果、真实标注、基础种类和新种类的种类区分图；第二行展示了置信度最高的 4 个新种类区域。每个新种类区域的小标题中依次展示了该新种类的名字、预测的置信度、该种类是否真实存在于图片中。

从该可视化分析图中可以看出，每个区域特征的分类结果是准确的且有着较高的置信度，然后每个区域特征的分割结果准确地覆盖了对应语义类别的区域。虽然“卡车”类别实际上没有出现在图片中，但它的分类结果和分割结果都有着较低的置信度，所以它不会影响最终混合的分割结果。

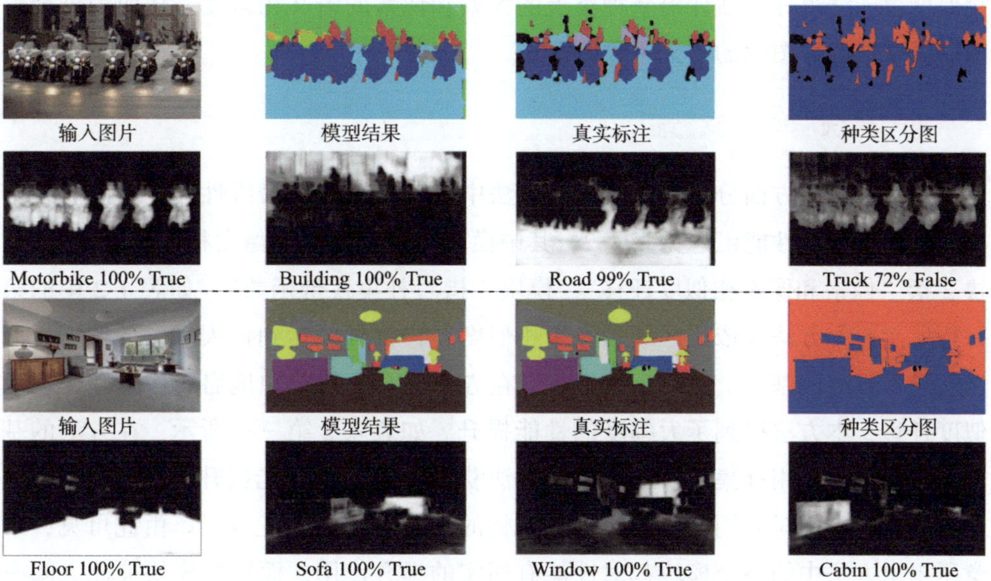

图 4.7　关于区域和像素相似度的可视化分析图

对于像素和像素相似度，在图 4.8 中展示了对应的可视化分析图，其中可以看到相似度网络对于被采样到的像素可以“激活”另一张图片中属于同类的区域（相似度图有高亮区域），从而为模型输入跨图片的像素级语义关系。在该图的左侧两列中，展示输入图片和参考图片，其中黄色的星形表示采样得到的像素。在该图的中间两列中，展示对应新种类的真实区域。在该图的右侧两列中，使用相似度网络去估计其中一张图片的采样像素和另一张图片所有像素的相似度，从而得到一个相似度图。

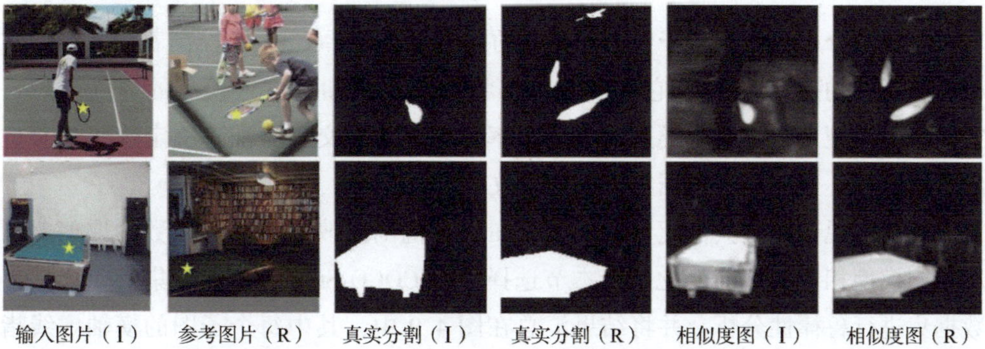

图 4.8　关于像素和像素相似度的可视化分析图

从该可视化分析图中可以看出，在基础种类上学习得到的像素和像素的语义相似度也能够很好地估计出新种类上的像素和像素的语义相似度，从而为分割模型提供准确的跨图片的语义一致性指导。

4.4.4 模块消融实验分析

本节从数值方面分析本章所提出方法中的各个模块对最终性能的贡献。各个模型的逐步累加性能汇总见表4.2，其中模块1指“区域和像素相似度迁移”，模块2指“像素和像素相似度迁移”，模块3指“补集代价函数”。如表4.2中的第一行所示，本方法仅依赖区域和像素相似度迁移就可以达到让人满意的性能，所以这是本方法的基石。对应于第二行，在方法基石上仅单独地启用像素和像素相似度迁移，本方法得到了大幅度的性能提升。如表4.2第三行所示，在方法的基石上仅单独地启用补集代价函数，本方法获得了显著的性能提升。最后，在该表的第四行中，同时启用所有的模块，完整的模型达到的最优效果。由此可见，本章所提出方法中的各个模块都对性能有切实的提升作用，而这些模块彼此之间有互补的关系，它们的逐个累加可以提升模型的最终性能。

表4.2 模型中的各个模块的性能汇总表

模块1	模块2	模块3	划分1	划分2	划分3	划分4
√			23.5	19.4	26.6	22.0
√	√		27.4	23.7	29.4	26.6
√		√	27.0	23.6	29.1	25.6
√	√	√	31.1	26.0	31.5	29.5

4.4.5 模型鲁棒性分析

本小节分析本模型对于各个超参数的鲁棒性，包括①α，它控制着像素和像素相似度迁移的强度；②β，它控制着本书将补集先验知识注入模型的强度；③γ，它代表着模型设置的忽略类别的先验概率。这里使用交叉验证来决定这些超参数的最优取值，并在各个数据集中保持一致。

具体来说，控制其他超参数不变，在一定范围内改变某一超参数的取值，然后绘制模型相应的性能变化图。本节选择使用COCO-Stuff-10K数据集的4个划分数据集进行鲁棒性分析，并将结果汇总在图4.9中，其中每个子图的横轴虚线指示着本章所提出方法中使用的默认数值。从该图中可以看出，本模型对于α、β、

γ 的取值在一定合理的范围内都具有较好的鲁棒性。另外，对于 β 超参数，可以发现过大的 β 取值会阻碍对于新种类分割的监督从而降低模型性能，而过小的 β 取值则会在忽略类别上过度激活新种类。

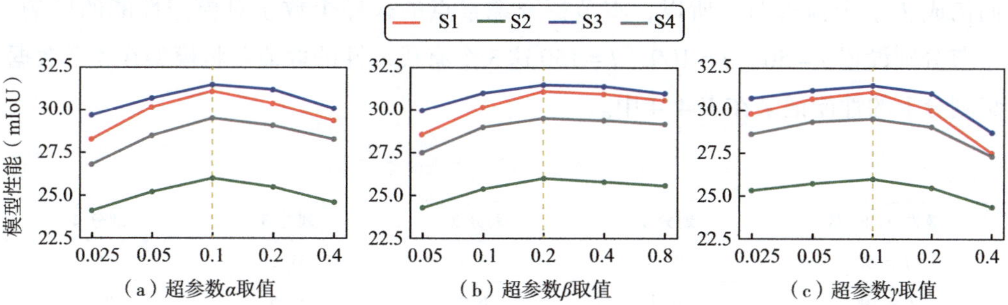

图 4.9　模型关于各超参数的性能变化图

4.4.6　相似度迁移的分析

本小节评测相似度的可迁移性，从而进一步分析相似度迁移的各种性质。对于区域和像素的相似度，表 4.2 中的第一行以及图 4.7 中都为该相似度的可迁移性提供了数值和可视化方面的分析，可以显示区域和像素的相似度的良好可迁移性。对于像素和像素的相似度，在图 4.8 中可视化显示了它的可迁移性。本节将像素和像素的像素度在数值上的性能汇总在表 4.3 中。

表 4.3　像素和像素相似度的可迁移性分析表

类别范围	是否相似	划分 1	划分 2	划分 3	划分 4
基础种类	不相似	86.7	87.8	93.9	94.7
	相似	89.3	89.1	86.6	87.4
新种类	不相似	80.4	79.5	80.5	83.7
	相似	75.6	73.1	73.4	78.5

本章从 100 个训练图片对中收集基础种类像素对和新种类像素对，然后使用像素级真实标签评测像素相似度网络预测的相似度的性能。在该表中，记录了两个种类集合与 COCO-Stuff-10k 数据集上在相似和不相似这两个类别中的 F1-score 作为衡量指标。由此可见，本方法可从基础种类上学习到高质量的像素和像素之间的语义相似度，并且这些相似度在新种类上也有着良好的性能，所以像素和像素的相似度有着高度的可迁移性。因此，使用迁移而来的像素和像素的相似度提供像素级的正则化监督可以有效地为分割模型注入跨图片的语义一致性。

4.4.7 像素点采样个数分析

像素和像素相似度迁移方法各自在输入图片和参考图片上采样 J 个像素，从而构成 $J \times J$ 个像素对。所以，本节探究像素点的采样个数 J 对模型性能的影响。本节分别设置 $J=50$、$J=100$、$J=150$ 这 3 个有代表性的取值并将模型在 4 个数据集划分上的性能记录在表 4.4 中。

表 4.4 像素个数对于性能的影响

像素点的个数	划分 1	划分 2	划分 3	划分 4
$J=50$	30.7	25.6	31.1	29.2
$J=100$	31.1	26.0	31.5	29.5
$J=150$	31.2	26.3	31.6	29.6

从表 4.4 中可发现本方法在一定程度上对 J 的取值具有一定鲁棒性。更大取值的 J 会构造两张图片之间更为稠密的像素点对，但是会在模型训练阶段消耗大量的计算复杂度和显存容量。考虑到更大取值的 J 仅仅略微地提升模型的分割性能，默认取值 $J=100$ 是一个比较合理和均衡的取值。

4.4.8 像素点构造方法分析

本章所提出的模型算法从输入图片和参考图片上采样像素来构成像素对，从而进行像素和像素的相似度学习和蒸馏。本小节分析不同像素对构造方法对于模型性能的影响，将结果汇总在表 4.5 中。其中，“基础模型”是没有施加像素和像素相似度迁移的模型版本，“自我配对”是从输入图片上两次采样像素点来构成像素对，“交叉配对”是本章算法所使用参考图片来采样与输入图片构成像素对的做法。如表中所示，“自我配对”仅仅略微地提升了模型的最终分割性能。因此，使用跨图片的像素对可以更好地学习到具有整个数据集全局视角的语义相关性，从而进一步提升模型的分割性能。

表 4.5 各个像素对构造方法在各划分上的性能比较

策略名	划分 1	划分 2	划分 3	划分 4
基础模型	27.0	23.6	29.1	25.6
自我配对	27.8	24.3	30.0	26.6
交叉配对	31.1	26.0	31.5	29.5

4.4.9　对于类别拓展的场景探究

本章所提出的弱样本语义分割的学习场景聚焦于充分利用带有像素级语义标签的基础种类的数据集，为只含有图片级别语义标签的新种类训练分割模型。因此，新种类的数量拓张是一个符合实际需求的场景，所以本小节加入更多的种类划分来探究所提出模型对于新种类数量增加的鲁棒性。

如表 4.6 所示，在划分 5 到划分 9 中，本实验基于划分 4 逐渐把更多的基础种类移动到新种类中。首先，现实性能上界的 FullyOracle 基准线方法的性能有略微的改变，这是由于有不同类别的新种类参与到了性能评测中。总体上，随着新种类数量的增加，本方法和基准线方法都由于带有像素级标注的数据减少而使性能降低。尽管如此，本方法在新种类数量最多的划分 9 中都展现出了较好的鲁棒性，其中新种类和基础种类含有相同的数量。因此，本方法使用的双重相似度有着较好和鲁棒的跨类别可迁移性。此外，本方法也有更好的潜力在更广阔的场景中以成本低廉的分类数据学习分割新种类。

表 4.6　模型在含有更多新种类的划分上的性能表

方法名	划分 4	划分 5	划分 6	划分 7	划分 8	划分 9
基础种类比例	75%	70%	65%	60%	55%	50%
新种类比例	25%	30%	35%	40%	45%	50%
RETAB*	25.6	23.0	22.5	21.5	19.9	19.8
SimFormer	29.5	27.1	26.3	25.1	23.9	23.2
SimFormer*	31.7	28.3	28.2	25.9	24.3	24.0
FullyOracle	36.0	35.1	36.0	36.0	36.5	34.7

4.4.10　局限性与失败案例分析

由于使用更弱的标注来监督学习分割新种类，所以弱样本语义分割容易产生许多问题。本章所提出的算法模型构建在 MaskFormer 之上，将语义分割这个大任务解耦成区域分类和区域分割两个子任务，并且以双重相似度迁移为新种类进行语义分割，所以本节汇总了在实践中发现的两种主要的局限性。

（1）本章所提出的算法模型可能错误地对区域进行分类，如图 4.10 中的第一行所示。这个案例展示了 Builing 和 House 这两个类别的区域分类和分割的情况。可能由于 Builing 和 House 这两个类别属于两个细粒度的新种类，所以模型对于这两个类别都产生了较高的置信度。但是，模型对于 House 这个类别给出的置信度稍微高一些，而该类别并不存在于图片中。因此，即使模型能够较好地完成区域分割这个子任务，整个语义分割的性能也可以被区域分类这个子任务完全误导。

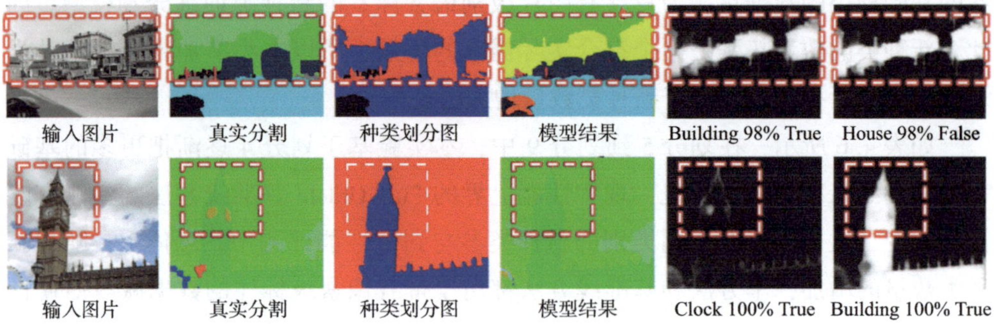

图 4. 10　模型失败案例分析图

（2）本章所提出的算法模型也可能对区域分割子任务完成得不够好，如图 4. 10 中的第二行所示。这个案例主要展示了 Clock 和 Builing 这两个类别的区域分类和分割的情况。其中本模型对于 Clock 和 Builing 这两个类别的区域分类任务都完成得很好，都给出了极高的置信度。实际上，分割模型对于 Clock 这个类别给出了较好的区域分割结果。然而，可能 Clock 这个类别在整个图片中所在的区域太小，所以它的分割结果相比于 Builing 这个类别弱得多。因此，在最终的语义分割结果中，Builing 的分割结果覆盖了 Clock 的分割结果，从而导致模型对于 Clock 产生错误的语义分割结果。

无论如何，上述的局限性和问题主要是由于新种类缺乏强力准确的像素级监督而产生的。在这种极具有挑战性的情况下，相似度迁移可能不足以产生完美的分割结果。所以，希望后续工作可发掘更多具有更好可迁移性的载体进一步缓解该问题。

4. 4. 11　性能显著性分析

本节对所提出的模型取得的性能提升进行统计学上的显著性分析，具体步骤如下：

（1）选择性能最为强劲的基准线方法 RETAB 作为比较方法，并在标准的弱样本语义分割场景中的两个具有挑战性的数据集上进行统计和分析。

（2）使用从 1 到 5 的随机种子将两个方法都运行 5 次，并汇总记录各自的结果。

(3) 在显著性等级 0.05 的设置下，进行显著性测试验证所提出方法相较于 RETAB 取得了性能提升。

(4) 将两个方法在各个数据集划分上性能的“均值±标准差”以及显著性结果的 p 取值（p-value）记录在表 4.7 中。从表 4.7 中可以发现，这些 p 取值远远低于显著性等级 0.05。所以，这些分析充分验证了本章所提出的模型取得的性能提升在统计学上意义是非常显著的。

表 4.7　性能显著性分析结果表

方法	COCO-stuff- 10K				ADE20K			
	split1	split2	split3	split4	split1	split2	split3	split4
RETAB*	27.5±0.54	23.1±0.39	29.8±0.49	25.6±0.89	34.6±0.33	31.3±0.34	25.7±0.29	25.9±0.23
SimFormer*	33.5±0.47	27.4±0.72	33.7±0.80	31.7±0.62	37.6±0.49	35.3±0.35	29.5±0.58	31.8±0.38
p-value	**1.09e−07**	**5.13e−06**	**1.07e−05**	**5.29e−05**	**3.24e−07**	**1.56e−09**	**3.56e−07**	**2.30e−09**

小　结

本章聚焦于图像语义分割这个具有挑战性和应用价值的视觉任务，致力于缓解其中新种类的拓展需要昂贵的带像素级语义标注数据的问题。为此，本章还提出了弱样本语义分割，其中用基础种类的带像素级语义标签的数据来帮助模型用更为廉价的带图片级语义标签的数据学习分割新种类。在弱样本语义分割中，本章提出了基于双重相似度迁移的模型，它学习并迁移“区域和像素的相似度”以及“像素和像素的相似度”来提升对新种类的分割能力。另外，本章还提出了一个补集代价函数来帮助模型学习分割新种类。最后，在两个大型数据集上的深入实验充分验证了所提出的学习模式和模型方法的有效性。

第 5 章

基于注意力迁移的带特权信息的场景识别

第 3 章和第 4 章分别介绍了“跨类别”的迁移学习中的图像分类和分割的模型和方法，其中迁移学习能够为深度学习模型缓解对于学习新种类所需的昂贵训练数据的依赖。本章将探究迁移学习中另一个重要的场景——“跨模态”的迁移学习，其中迁移学习能够为深度学习模型极大地缓解对完整测试数据的依赖。在 RGB-D 场景识别这个经典的多模态学习任务中，难以便捷获得的深度数据制约了 RGB-D 分类模型的应用范围，所以侧重研究将深度数据作为特权信息的任务设置，即利用完整的 RGB-D 数据来训练模型，但仅使用更为易得的 RGB 数据作为测试时的输入。

现有方法通常在训练阶段将深度模态的原始信息或模型特征迁移到 RGB 模态的分类器中，这可在一定程度上提升分类器在缺失深度数据时的测试性能。而本章提出迁移模型中的注意力，具有更丰富的信息、更灵活的机制、更高的可迁移性。并且，提出同时迁移并融合两种注意力机制，包括“后分析的重要性权重”和“可学习的平面变换”，从而进一步增强模型的性能。最后，在两个标准 RGB-D 数据集上进行充分实验验证所提出模型的有效性。本章所提出的基于双重注意力迁移的模型能够更好地应用于那些较难获取深度数据的实际场景中，具有更广阔的应用范围。

5.1 研究动机与方法简介

场景识别是计算机视觉中一个非常基础和具有挑战性的任务。由于现实场景中存在大量的光照变化和物体遮挡等复杂情况，RGB 图片很难提高准确且鲁棒的信息来帮助场景识别。幸运的是，深度（depth）图片可以提供与 RGB 图片互补的具有光照不变性的几何信息，可以极大地缓解上述复杂情况中的挑战。然而，在现实场景中，深度图片的获取需要复杂和昂贵的拍摄设备，所以并不是在广泛的实际应用中都可以方便且准确地获得。例如，对于从互联网上爬取的图片或者对于用手机等简易设备拍摄的图片，都难以获取其配对的深度图片。考虑到这点，本章侧重于一个更为实际的学习场景，其中将深度模态作为一种特权信息，即模型在训练中有关于输入样本完整的 RGB-D 数据，但在测试时只有输入样本的 RGB 数据（缺失了深度数据）。本章将这种条件下的场景识别任务称为“将深度信息作为特权信息的场景识别”。

目前，只有少量的工作涉及把深度模态作为特权信息的场景识别这一更具有应用性的任务中。在特权信息学习中，一种研究思路就是使用主信息（如 RGB 模态的信息）来想象特权信息（如深度模态的信息）。具体来说，Cao 等人提出基于 RGB 图片想象配对的深度图片，将其简称为 DepthHallu。而 Hoffman 等人提出基于 RGB 图片想象配对深度图片在网络模型的中间特征图，将其简称为 FeatHallu。沿着同样的研究思路，本章同样基于 RGB 图片想象深度模态相关的信息。然而，与之前的工作不同，本章提出想象深度模态中的模型注意力，因为注意力机制已经在广泛的视觉任务中展现出强大的能力。这些深度模态下的想象目标（即原始图片、中间特征、模型注意力）都可以捕获更多的几何信息，所以可以与 RGB 模态中的信息发挥互补的作用，从而提升模型的性能。但相比于之前工作中的想象目标，本章提出的想象目标（即模型注意力）同时具有更丰富的信息、更灵活的机制、更高的可迁移性等优点。为了简便，本章将以 RGB 图片作为输入的模型产生的注意力称为 RGB 注意力，将以深度图片作为输入的模型产生的注意力称为深度注意力。

为了使用输入的 RGB 图片想象深度注意力，本章所提出的框架主要由 3 个网络分支组成：RGB 分支、想象分支、深度分支。如图 5.1(a) 所示，在训练阶段，以深度图片作为输入的深度分支已经被预训练，并且冻结参数来提供深度注意力作为指导信息。RGB 分支以 RGB 图片作为输入，并产生 RGB 注意力。而想象分支与 RGB 分支共享着输入图片，但产生想象注意力，这指去想象从深度分支中迁移而来的深度注意力。在测试阶段，仅仅给定一张 RGB 图片，这就可以通过融合 RGB 分支和深度分支来充分利用 RGB 注意力和深度注意力，从而提升模型的场景识别能力，如图 5.1(b) 中所示。相比于带有注意力机制的传统 RGB 模型，该模型在测试时额外受益于想象出来的深度注意力，所以有着更为优异的性能。

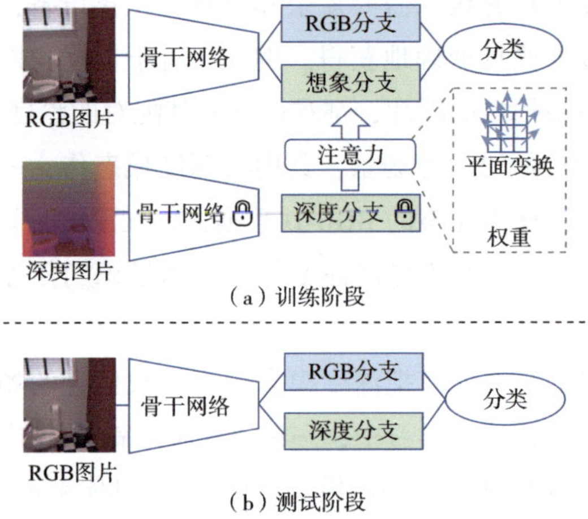

图 5.1　所提出方法的总体概览图

对于注意力机制，有许多种类型可以从中选择。这里将采用可调节和变形的卷积层作为注意力机制。因为它同时集成了“权重”和“偏移量”两种不同类型的注意力，对应于重要性权重和采样位置，参见 2.5 节。具体来说，调节量为卷积核的采样位置分配重要性权重，而偏移量能将采样点从预设的位置偏移到图中感兴趣的位置。另外，偏移量能够将卷积核的采样网格适配物体的形状，从而将感兴趣的区域形状变为规范的物体形状，使得该内容更易被模型识别。这种形变可以从富含准确几何信息的深度模态中受益，从而极大地促进模型的场景识别能力。

在该网络中，将注意力层插入 3 个网络分支，如图 5.2 所示。对于注意力迁移，一种直观的方式是迫使想象分支中的调节量和偏移量去接近深度分支中的调节量和偏移量。然而，在联合学习调节量和偏移量时实际的问题是其中的调节量往往趋近于饱和，可能是偏移量相比于调节量有更高的影响力并主导着注意力机制的学习。此外，可调节和形变卷积的原文也提及了需要有额外的指导来引导调节量的学习。

因此，本章使用另一种类型的注意力作为权重的选择，即类激活图，来替换深度分支中的调节量。类激活图是一种后分析的注意力机制，它从已经训练的网络中提取得来，所以不会被偏移量所干扰。所以，这里使用想象分支中的调节量去学习深度分支中的类激活图。实际上，学习激活图还有另外的优点，因为它是通过将全局信号从网络的深层传递到网络的浅层得来，而卷积层都是由局部的卷积核堆叠而来并缺失捕获全局信息的能力。因此，类激活图可以为调节量和偏移量的注意力机制有效地补充全局信息。另外，由于两种注意力机制的差异，直接用调节量来学习类激活图较难达到理想效果，所以设计了一个纠正函数来弥合两种机制的差异。

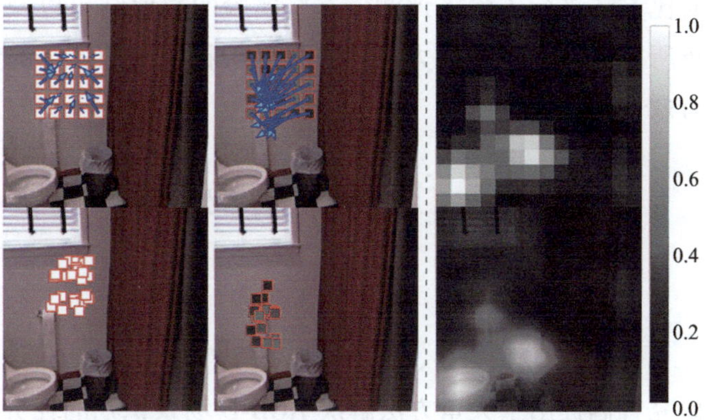

（a）RGB注意力　（b）深度注意力　（c）深度类激活图

图 5.2　各个模态中的注意力示意图

总之，RGB 注意力包括 RGB 偏移量和 RGB 调节量，深度注意力包括深度偏移量和深度类激活图。而想象注意力包括想象的偏移量和想象的调节量，它们分别去想象深度偏移量和深度类激活图。因为同时想象后分析的重要性权重和可训练的平面变换，所以本章方法称为双重注意力想象。在图 5.2 中提供了一个具体的例子来说明 RGB 注意力和深度注意力的互补性。在图 5.2 的（a）、（b）列中，绘制的小正方形表示一个 5×5 的可调节和变形卷积核，并且灰度代表调节量，蓝箭头代表偏移量。该图的第一行绘制了偏移量前的采样点，而第二行绘制了偏移后的采样点。在图 5.2 的（b）图中的调节值来自（c）图中的激活图的对应位置。

从图 5.2 中可见，RGB 注意力可能由于纸巾与背景的颜色相似性而忽略了纸巾，但深度注意力可以基于几何信息而轻松注意到纸巾。肉眼也可以观察到深度偏移量和深度类激活图有着互补性。例如，虽然深度偏移量注意了纸巾，但类激活图从全局视角为纸巾分配了较低的权重，这可能是由于纸巾相对于马桶有着更弱的类别区分特征。另外，由于深度注意力并不始终是准确的，如果模型想象出了错误的注意力则会误导模型做出错误的识别。为了缓解这种负迁移，本书设计了一种加权代价函数基于深度注意力的质量去控制迁移的信息总量。

为了验证本章所提出方法的有效性和优越性，选择 SUN RGB-D 和 NYU Depth V2 这两个公认为基准的、现实世界的、极具挑战性的数据集来构造学习场景并进行实验。在这两个标准数据集上，对本章所提出的方法进行了大量综合的实验分析，并与相关对比方法进行了深入评测，这些实验的数值结果以及可视化分析图充分验证了本章所提出的双重注意力迁移方法对于将深度信息作为特权信息的场景识别任务的有效性。

5.2　场景识别的相关工作

5.2.1　RGB-D 场景识别

近年来，研究者们提出了大量方法解决 RGB-D 场景识别的任务。早期的方法依赖于由 RGB 模态的手工特征和深度模态的手工特征组成混合特征来完成 RGB-D 场景识别。例如，Banica 等人使用二阶池化为场景识别和场景分割构建深度模态的特征。Gupta 等人提出基于从深度模态提取的轮廓来提取深度特征，以及从场景分割结果来提取局部特征。近期的方法使用基于深度学习的各种策略来融合 RGB 模态和深度模态的信息。例如，Li 等人将 RGB 模态和深度模态的信息投影到联合的特征空间得到更鲁棒的分类器。Wang 等人提出使用组件级融合策略来结合 RGB 模态和深度模态的全局与局部的特征。Song 等人使用局部的深度图片重新训练深度网络，然后再去与 RGB 网络结合。之后，Song 等人使用从 RGB 图片和深度图片中的物体检测结果来构建物体之间的关系表征，从而帮助预测场景类别。DF2Net 提出了一个三元组代价函数来提取每个模态中独特的特征和相关的特征，并将其融合用作场景识别特征。

TRecgNet 使用跨模态转换增强 RGB 网络和深度网络，然后使用两个网络的组合进行场景识别。然而，上述工作都需要深度图片作为测试阶段的输入，而只有少量的工作侧重在将深度信息作为特权信息这个更为实用的场景。

5.2.2　带特权信息的学习

带特权信息学习的详细介绍参见 1.2.4 节，这里不再赘述。在相关工作中，DepthHallu 和 FeatHallu 两个方法使用主信息想象特权信息中的原始输入或中间特征以为主信息提供补充，所以这两个方法是本章所提出的模型算法的重要基准线方法。另外，一些多模态的场景识别方法（如 DF2Net 和 TRecgNet）也可以较为简单地应用在带特权信息的学习场景中。

5.2.3　注意力机制

目前的注意力机制在计算机视觉中有两种流行的类型：重要性权重和平面变换。重要性权重包括平面注意力、通道注意力以及两者的结合。平面变换是一种特殊的注意力机制，如 STN（平面变换网络）和 DCN（可形变卷积网络）。一些工作采用多种类型的注意力机制来增强注意力模型的性能。HarmoniousNet 结合了平面注意力、通道注意力和平面变换来更好地解决行人重识别任务。本书的目标是同时想象重要性权重和平面变换这两种注意力机制，这与上述工作有着不同的动机和实现方法。实际上，注意力迁移并不是首次被提出，已经在一些工作中被探索过。例如，Zagoruyko 等人提出在不同的网络和任务中迁移注意力，Li 等人提出从网络图片中迁移注意力帮助视频识别，而 Li 等人提出跨领域地迁移注意力以更好地识别情绪。Zhu 等人提出逐渐地迁移注意力用于人像图片生成。本章所提出的方法聚焦于双重相似度迁移，即后分析的 Grad-CAM 和可学习的平面变换，并将其用于带特权信息的场景识别，这种模型算法从未在其他工作中被探究过。

5.3　基于注意力迁移的带特权信息模型算法

本章所提出的方法在训练时的具体架构图如图 5.3 所示，其中的模型由 RGB 分支、想象分支、深度分支三者组成。在没有深度图片的测试阶段，模型只由 RGB 分支和想象分支组成，而无须深度分支。为了描述简便，将可调节和形变的卷积层统称为注意力层。为了避免混淆，使用符号的上标（R）、（H）、（D）区分来自 RGB 分支、想象分支、深度分支的变量，例如 $p_{i,k}^{(R)}$、$p_{i,k}^{(H)}$、$p_{i,k}^{(D)}$ 分别表示来自于 RGB 分支、想象分支、深度分支中注意力层预测的偏移量。

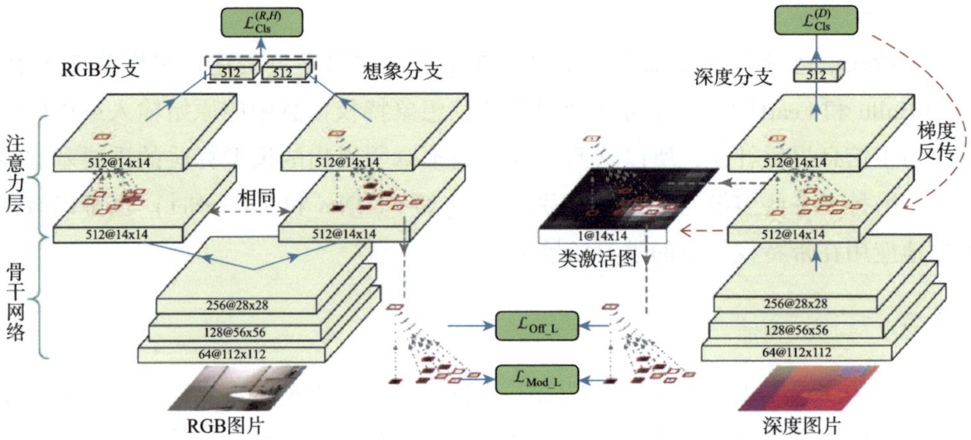

图 5.3 本章的方法在训练时的具体架构

5.3.1 总体网络架构

总体上，RGB 分支、想象分支、深度分支的有着相似的网络架构，包括相同的卷积核大小和卷积核尺度。使用 ResNet18 当作骨干网络，并且移除其中的第一个最大池化层来保持特征图上足够的分辨率。在 ResNet18 中有 4 个残差层，而本书都在 3 个网络分支的最后一个残差层之后插入注意力层。对于多个注意力层，依次堆叠它们来增强注意力模块的性能。在图 5.3 中，每个网络分支的下面有 4 个绘制的特征图对应于 ResNet18 中的 4 个残差层，而上方绘制的特征图对应于注意力层产生的特征图。最后，全局池化层以及全连接分类层根据网络的特征对输入图片进行分类。本书将输入特征图的空间尺寸记为 $[H_F, W_F]$，并且注意力层不会改变特征图的尺寸。

如图 5.3 的左侧子图所示，为 RGB 分支和想象分支都插入了可调节和形变的卷积层（用虚线箭头和小方框表示），它带有偏移量和调节量（分别由图中的箭头和灰度来表示）。其中的 RGB 分支和想象分支共享着同样的骨干网络，即最后一个特征图都用于 RGB 分支和想象分支中注意力层的输入。然后，拼接 RGB 分支和想象分支产生的全局池化层后的特征向量，并将其输入分类器得到场景图片的种类。

如图 5.3 的右侧子图所示，为深度分支插入可形变的卷积层，它仅带有偏移量。在预训练阶段，训练深度分支根据深度图片完成场景识别任务。在正式训练阶段，冻结网络分支的参数来提供稳定的注意力作为迁移项，包括偏移量以及从注意力层的输入特征图上导出的类激活图。

5.3.2　模块一：偏移量注意力迁移

关于可调节和形变卷积层的基础知识已经在 2.4 节中介绍，这里不再赘述。本章将注意力层中的偏移量记为 $\Delta p_{i,k}$，对应于特征图上的空间位置 i 的卷积核的第 k 个采样点的 2D 偏移量。为了将深度分支中学习到的偏移量注意力迁移到想象分支中，使用如下代价函数来迫使想象分支中的偏移量逼近深度分支中的偏移量：

$$\mathcal{L}_{\mathrm{Off}} = \sum_{i=1}^{H_F \times W_F} \sum_{k=1}^{K} \| \Delta p_{i,k}^{(H)} - \Delta p_{i,k}^{(D)} \|_2^2 \tag{5.1}$$

其中，$H_F \times W_F$ 是输入特征图的空间尺寸，而 K 是卷积核的大小。通过这种方式，想象分支能够使用 RGB 输入想象出深度模态下的偏移量注意力，而无须深度图片作为输入。

5.3.3　模块二：权重注意力迁移

比起偏移量注意力迁移，权重注意力迁移的内容稍微复杂一些。首先，从深度分支中导出类激活图，记为 A，这个过程对应于图 5.3 中最右侧的红色虚线。具体来说，使用输入图片真实类别的分类层预测单元反向传播梯度，并将注意力层的输入特征图按通道做加权和，得到空间尺寸同样为 $H_F \times W_F$ 的注意力图，又名类激活图。然后，对于每个卷积核的采样点，使用类激活图上偏移之后对应位置的类激活图的取值作为迁移量，即

$$\Delta m_{i,k}^{(D)} = A[i + \boldsymbol{p}_k + \Delta \boldsymbol{p}_{i,k}] \tag{5.2}$$

其中，$i + \boldsymbol{p}_k + \Delta \boldsymbol{p}_{i,k}$ 是应用偏移量后卷积核的采样位置。通过使用想象分支中的调节量逼近 $\Delta m_{i,k}^{(D)}$，想象分支可以为从深度模态的全局视角来看不重要的区域分配更低的权重。

由于可学习的调节量和后分析的类激活图属于两种不同类型的注意力机制，可以观察到直接去逼近 $\Delta m_{i,k}^{(D)}$ 并不能起到很好的作用。因此，提出了一个新颖的纠正函数来弥合两种注意力机制之间的差异。具体来说，使用一个指数型函数纠正类激活图的值，使得它适合于调节量的取值，即

$$g(x) = \frac{\mathrm{e}^{\mu x} - 1}{\mathrm{e}^{\mu} - 1} \tag{5.3}$$

其中，曲线的走势由 μ 来控制，如图 5.4 所示。通过交叉验证，可以发现调节量

更倾向于逼近更大的类激活图的值，这可能是由于偏移量已经确定了一定程度上的具有类识别力的区域，然后调节量只需要抑制一小部分非类识别力区域。因此，在实验中设置$\mu=-4$。

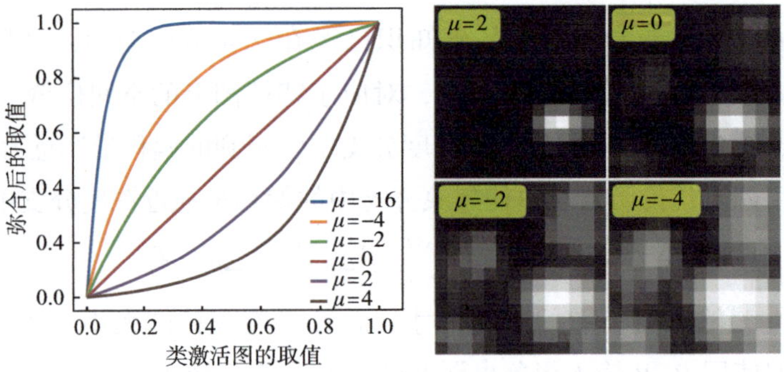

图 5.4　类激活图的取值纠正函数示意图

类似于偏移量注意力迁移，可以迫使想象分支中的调节量 $\Delta m_{i,k}^{(H)}$ 去逼近深度分支中类激活图纠正后的取值，即

$$\mathcal{L}_{\mathrm{Mod}} = \sum_{i=1}^{H_F \times W_F} \sum_{k=1}^{K} \| \Delta m_{i,k}^{(H)} - g(\Delta m_{i,k}^{(D)}) \|_2^2 \tag{5.4}$$

其中，$\Delta m_{i,k}$ 对应于特征图上的空间位置为 i 的卷积核的第 k 个采样位置的调节量。

5.3.4　模块三：多层的双重相似度迁移

通过同时启用偏移量注意力迁移和权重注意力迁移，可以实现双重注意力迁移。此外，还可以通过堆叠更多的注意力层来增强注意力机制的性能，如图 5.5 所示。在堆叠两层注意力层的情况下，偏移后的采样点位置需要通过层次累积的方式计算，也就是需要将顶层采样位置的偏移量累加到底层卷积核中。例如，堆叠两个 5×5 核尺寸的卷积层后，最终会得到(5×5)2个采样位置。从图 5.5 中可以看到，图片中有类识别力的区域可以通过层次化的方式被模型稠密地注意。具体来说，单个注意力层较难完整地注意图中瘦高的镜子，但可以通过堆叠多个注意力层的方式为场景识别提取其中的特征。假设在骨干网络后插入了 L 个注意力层，那么双重注意力迁移可以由下列代价函数完成：

$$\mathcal{L}_{\mathrm{Off}_L} = \sum_{l=1}^{L} \mathcal{L}_{\mathrm{Off}}^{(l)} \tag{5.5}$$

$$\mathcal{L}_{\mathrm{Mod}_L} = \sum_{l=1}^{L} \mathcal{L}_{\mathrm{Mod}}^{(l)} \tag{5.6}$$

其中，$\mathcal{L}_{\mathrm{Off}}^{(l)}$ 指第 l 层的偏移量注意力迁移代价函数，$\mathcal{L}_{\mathrm{Mod}}^{(l)}$ 指第 l 层的权重注意力迁移代价函数。

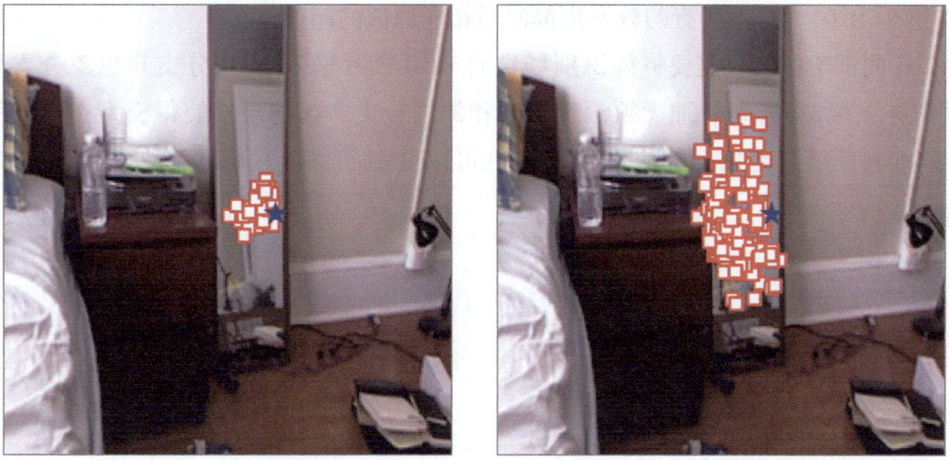

图 5.5　堆叠两个注意力层的深度偏移量注意力的可视化图

5.3.5　模块四：防止负迁移

考虑到深度注意力并不始终都是可靠的，而迁移错误的注意力会带来额外的负面作用，设计了一个加权代价函数基于深度注意力的质量去控制迁移的信息总量。对于深度注意力质量的估计有许多种方法，本章中将使用一种简单而有效的方法。假设带有更大分类置信度和更小代价函数的深度图片中提取的注意力有着更高的质量，所以将对这些图片分配更大的迁移权重：

$$\omega_{\mathrm{Neg}} = \mathrm{e}^{\gamma \cdot \left(\overline{\mathcal{L}_{\mathrm{Cls}}^{(D)}} - \mathcal{L}_{\mathrm{Cls}}^{(D)}\right)} \tag{5.7}$$

其中，$\mathcal{L}_{\mathrm{Cls}}^{(D)}$ 是深度分支在预训练阶段对该图片样本的代价函数，$\overline{\mathcal{L}_{\mathrm{Cls}}^{(D)}}$ 是这个训练集上所有图片的代价函数的均值，而 γ 是一个控制着防止负迁移强度的均衡超参数。具体来说，γ 越大越能加大代价函数取值的方差，从而增强防止负迁移的强度。在实验中，通过交叉验证来寻找它的取值，并设置为 $\gamma = 1\mathrm{e}{-2}$。

5.3.6　模型训练和测试

对于场景识别这个分类任务，本书沿袭之前的工作使用频率加权的交叉函数作为分类的代价函数，记为 $\mathcal{L}_{\text{Cls}}$。所以，训练整个模型的总代价函数如下：

$$\mathcal{L}_{\text{Full}} = \mathcal{L}_{\text{Cls}}^{(R,H)} + w_{\text{Neg}}(\alpha \mathcal{L}_{\text{Off}_L} + \beta \mathcal{L}_{\text{Mod}_L}) \tag{5.8}$$

其中，$\mathcal{L}_{\text{Cls}}^{(R,H)}$ 是由 RGB 分支和想象分支最终进行特征融合的分类结果产生的分类代价函数，而 α 和 β 是两个均衡超参数。使用交叉验证来设置两者的取值，即 $\alpha = 10$ 和 $\beta = 0.01$。对于所有的数据集都使用相同取值的超参数。

在测试阶段，只需要将待识别场景的 RGB 图片输入 RGB 分支和想象分支然后得到分类结果即可，而无须深度图片和深度分支。这种模式使得模型在广泛的难以准确获得深度数据的应用场景中也可以受益于深度模态中更为鲁棒的几何信息。

5.4 对 RGB-D 数据集进行实验分析

5.4.1 数据和实验设置

本书使用两个广泛应用的标准数据集来验证本章所提出方法的有效性，即 SUN RGB-D 和 NYU Depth V2。其中，SUN RGB-D 是目前最大的 RGB-D 数据集，它包括 NYU Depth V2、SUN3D 以及 Berkeley B3DO 的数据。SUN RGB-D 数据集总共包括 10 355 对用不同照相机拍摄的 RGB-D 图片。本书沿袭之前工作中的设置，保留其中超过 80 个样本的 19 个类别。在 SUN RGB-D 数据集中，总共含有 4 845 个训练样本及 4 659 个测试样本。而 NYU Depth V2 数据集中共有 1 449 个配对的 RGB-D 图片，覆盖了 27 个类别。然而有些类别含有过少的图片，所以本书沿袭之前的工作并将其合并为 10 个类别。在 NYU Depth V2 数据集中，总共含有 796 个训练样本和 654 个测试样本。在本章的以深度信息作为特权信息的学习场景中，对所有数据集保留训练样本中的 RGB-D 图片，而只保留测试数据集中的 RGB 图片。

本书使用的系统环境是搭载着 32 GB Intel 9700K CPU 以及两块 NVIDIA 1080ti GPUs 的 Ubuntu 18.04 操作系统，使用 Python 3.7 和 Pytorch 1.8.0 实现本章所提出的模型算法。沿袭之前的工作，将深度图片编码成三通道的 HHA 图片。对于训练图片，将其缩放到 256×256 像素的尺寸并使用 224×224 像素尺寸的随机裁剪和随机水平翻转。对于测试图片，使用 224×224 像素尺寸的中心裁剪。使用 Adam 优化器和 128 的训练批次大小来训练模型 100 个周期。其中，学习率的初始值设置为 1e-4，然后每 25 个训练周期减半。对于网络架构，除非特别声明，本书统一使用卷积核尺寸 5 以及跨度 1。

沿袭之前的工作，用所有场景种类的准确率的均值作为性能的评测指标。除非特殊说明，在所有实验中使用。作为随机种子，预训练阶段的深度分支由于使用注意力层可以获得略微的性能提升，然而本章所提出的模型算法只关注其产生的注意力，所以在实验中忽略深度分支的预训练分类性能。

5.4.2　与现有工作的比较

沿袭之前的工作，在两种场景下进行与现有工作的比较：①只有 RGB 模态的场景；②将深度信息作为特权信息的场景。

在只有 RGB 模态的场景中，与 ResNet18、Non-Local Network、paSL、CNN-DL、Modal-Graph、DF2Net 进行比较。本书的方法可以简单地通过把深度分支的输入替换成 RGB 图片应用于只含有 RGB 模态的场景。在这种情况下，想象分支中的调节量会逼近 RGB 模态下的类激活图，能够为模型嵌入一些全局信息。在将深度信息作为特权信息的场景中，与 ResNet18+、DF2Net、TRecgNet、DepthHallu、FeatHallu 进行比较。考虑到之前的工作使用在不同数据集上的不同骨干网络，统一使用在 places 数据集上预训练的 ResNet-18 作为骨干网络。

将所有的结果记录在表 5.1 中。其中，包括了 4 种训练集和测试集的组合，分别用 T 和 E 表示。例如，“T：SUN；E：SUN”表示在 SUN RGB-D 上训练并在 SUN RGB-D 上测试，而“T：SUN/places；E：places”表示在 SUN RGB-D 上训练，在 places 上微调，最后在 places 上测试。该表中带有“*”号的结果是从原文中复制而来。本书使用黑体表示各个实验中最好的结果。

表 5.1　各方法在三个数据集上的性能比较表

场景	方法	T：SUN	T：NYU	T：SUN	T：SUN/places
		E：SUN	E：NYU	E：places	E：places
只含 RGB	ResNet18	47.5	59.6	44.2	72.2
	Non-Local	48.6	60.5	45.8	73.1
	paSL	49.0	61.8	46.5	75.2
	CNN-DL	48.5	61.0	45.4	73.4
	ModalGraph	48.7	61.2	46.7	74.9
	DF2Net	48.8	61.6	46.5	74.8
	本章方法	**49.2**	**61.9**	**46.8**	**75.3**

续表

场景	方法	T：SUN	T：NYU	T：SUN	T：SUN/places
		E：SUN	E：NYU	E：places	E：places
深度特权	ResNet18+	48.8	61.5	45.3	72.9
	DF2Net	49.8	62.4	47.2	75.0
	TRecgNet	50.6 *	60.2 *	47.6	75.4
	DepthHallu	50.9	60.6	48.3	75.8
	FeatHallu	51.2	63.1	48.5	76.2
	本章方法	**53.5**	**66.9**	**51.1**	**78.4**

在"只有 RGB 模态的场景"和"将深度信息作为特权信息的场景"两者中与现有工作比较的结果汇总如表 5.1 中的"T：SUN；E：SUN"和"T：NYU；E：NYU"两列所示。对于仅含有 RGB 模态的场景，本书的方法表现出比所有基准方法更好的性能，展示了在模型中集成双重注意力（即可学习的偏移量和后分析的类激活图）的有效性。对于将深度信息作为特权信息的学习场景，该场景下的方法大多表现出比仅含有 RGB 模态场景中的方法更优异的性能，这直接显示了将深度信息作为特权信息带来的普遍性能增益。具体来说，本章所提出的模型相比于基准方法达到了最优的性能，清晰地展现了双重相似度迁移的有效性。

另外，在图 5.6 中所示为本章所提出的方法与仅有 RGB 模态的方法两者在 NYUDv2 数据集上的结果的混淆矩阵对比图。从图 5.6 中可以看到本章所提出的方法在各个类别上都达到了更好的性能，充分展示了利用深度模态中的几何信息的优点。例如，本书的方法在 office 这个类别上显著优于基准线方法，而这个类别很容易与 other 这个类别混淆。本书的方法也在 bathroom 这个类别上明显取得了比基准线方法更好的性能，而该类别很容易与 dining_ room 这个类别混淆。总体来说，本书的方法能够在测试阶段想象并利用深度模态中的双重注意力，所以能够在各个类别上都取得更好的性能。

（a）基准线方法　　（b）本章方法

图 5.6　混淆矩阵对比图

5.4.3　模型可视化分析

为了更好地理解本书模型中各个分支所注意的内容，可视化 SUN RGB-D 数据集中测试图片上获得的各项注意力进行分析。虽然本书的模型在测试阶段只需要 RGB 图片作为输入，但可以用深度和深度分支进行分析。首先可视化单个注意力层作为一个清晰和有代表性的案例，然后可视化两个注意力层。

单层注意力的可视化如图 5.7 所示，在左边的三列中，绘制了带有偏移量的采样点，其中蓝色箭头代表偏移量，灰度代表调节量。在图 5.7 右边的三列中，展示了调节量图或类激活图。在每一个子图中，第一行展示了偏移之前的采样点，第二行展示了偏移之后的采样点。为了可视化调节量图，本书将所有的调节值放置于偏移后的位置并对每个位置取均值。由图可见，大多卷积核都可以通过偏移量来拟合图片物体的形状。其中，RGB 模态中的平面变换倾向于被颜色所影响，而深度模态中的平面变换倾向于被几何影响。在图 5.7(a) 中，迁移而来的偏移量注意到了一块完整的类识别区域，但 RGB 偏移量却部分忽略了该区域。在图 5.7(b) 中，RGB 偏移量只关注白色的区域，而迁移来的偏移量能更多地关注于坐垫。对于调节量，RGB 调节量几乎趋近饱和，而迁移而来的调节量能够成功地抑制非类识别的区域。在图 5.7(a) 中，书柜和床都被迁移而来的调节量所注意到，但床由于类激活图的全局视角而被分配到了更多的权重。

总体上，迁移而来的注意力接近于深度注意力，而与 RGB 注意力互补。由于想象分支的存在，本书的方法只需要一个 RGB 测试图片即可对其中的几何信息增加额外的注意力。双层注意力的可视化如图 5.8 所示，其中的绘制内容与图 5.7 基本相同。但在每一个子图中，第一行展示顶层注意力层中的注意力，第二行展示两个堆叠注意力层的注意力。由图可见，其中的一些观察与单层注意力的可视化一致，例如 RGB 模态中的平面变换倾向于被颜色主导而深度模态中的平面变换倾向于被几何结构所主导，并且想象分支中的注意力相似于深度注意力，也与 RGB 注意力有互补关系。此外，还有下列的新观察：首先，层次化的偏移量可以长距离地搜索具有类识别特征的区域。具体来说，单层注意力可以大致覆盖具有类识别特征的物体，而双层注意力可以更为稠密和完整地覆盖具有类识别特征的物体。因此，调节量图的边缘区域通常有着更低的值，因为那些区域通常都不重要。总体来说，通过堆叠更多的注意力层，注意力模块的表征能力和性能可以得到显著的提升。因此，通过迁移多层的双重注意力，本章所提出的方法能够达到更好的性能。

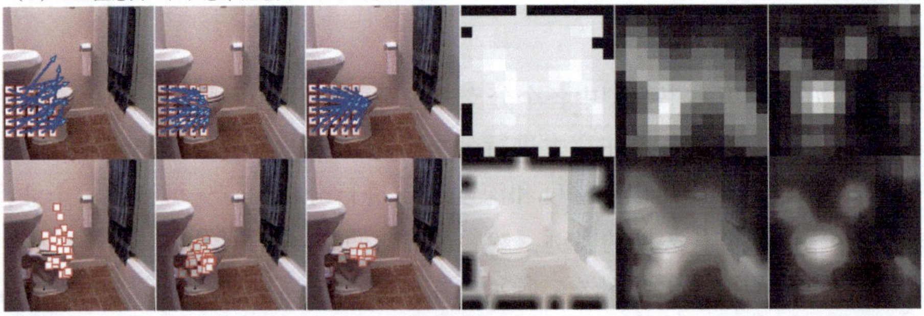

（a）三个分支的注意力可视化（一）

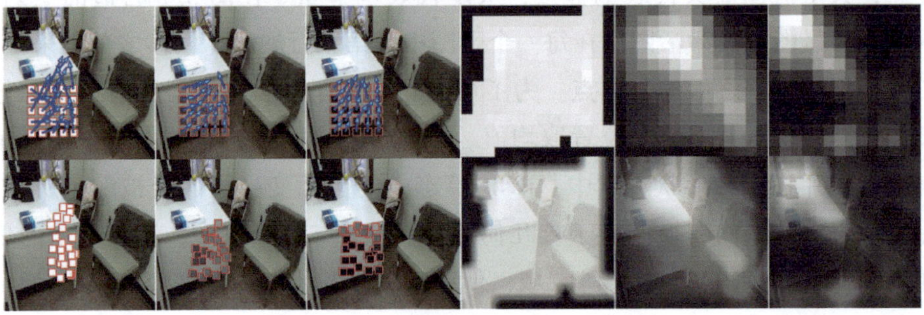

（b）三个分支的注意力可视化（二）

图 5.7　单层注意力的可视化图

（a）三个分支的注意力可视化（一）

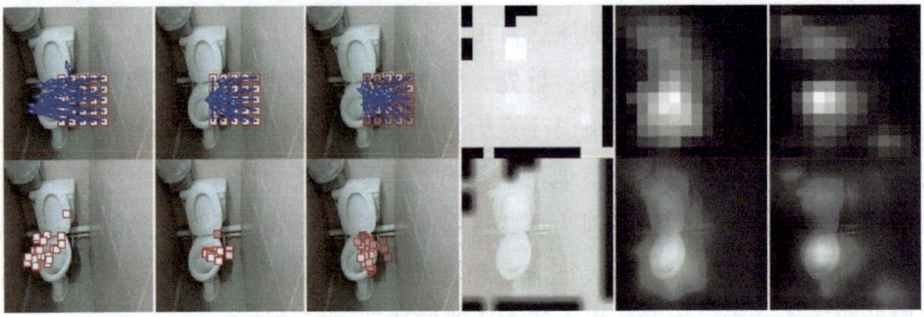

（b）三个分支的注意力可视化（二）

图 5.8　双层注意力的可视化图

5.4.4 模块消融实验分析

以广泛使用 SUN RGB-D 数据为例，本书进行消融实验以验证本章所提出模型中的各个模块的有效性。本书使用由 RGB 分支、想象分支、深度分支组成的完整模型，然后分别启用或关闭模型中各个代价函数进行这部分实验。从仅使用分类代价函数开始，然后逐步启用更多的代价函数增强整个模型，并将结果汇总在表 5.2 中。本小节仅使用单个注意力层使得每一个代价函数的效果更为清晰。

首先，仅使用分类代价函数的方法可以作为最基本的基准方法，它可以认为是两个 RGB 分支的融合，对应于表 5.2 的第一行。本书后续的实验会逐渐证明当其中的一个 RGB 分支变成想象分支后，模型的性能可以得到显著的提升，因为想象分支可以为 RGB 分支提供补充的信息。其次，基于最基本的基准方法，本书启用 $\mathcal{L}_{\mathrm{Off}}$ 为模型添加偏移量注意力迁移，然后模型的性能得到了显著的提升（51.0% 相比于 47.8%），这直接证实了偏移量注意力迁移的有效性。本书启用 $\mathcal{L}_{\mathrm{Mod}}$ 迫使想象分支中的调节量逼近深度分支中的类激活图。相比于偏移量注意力迁移，权重注意力迁移带来的性能提升稍微小一些（50.4% 相比于 47.8%），所以本书推测偏移量建模的平面变化对于场景识别来说更为有益。为了验证想象深度分支类激活图的优越性，进行了另外的实验来迫使想象分支中的调节量逼近深度分支中调节量。两者的比较（48.3% 相比于 50.4%）表明类激活图能够提供比调节量更为有效的类识别信息。之后，同时启用偏移量迁移和权重迁移实现双重相似度迁移。实验结果（51.9% 相比于 51.0% 或 50.4%）双重相似度迁移的效果要优于单独的偏移量注意力迁移或权重注意力迁移，由此可以验证两种相似度直接能够提供互补的信息。最后，额外添加防止负迁移的权重在模型上，其结果（52.3% 相比于 51.9%）表明该权重有助于选择性地迁移更好的深度注意力到 RGB 模态上。

表 5.2　各个模块的性能贡献表

分类代价	偏移量迁移	权重迁移		防负迁移	性能/%
		类激活图	调节量		
√					47.8
√	√				51.0
√		√			50.4
√			√		48.3
√	√	√			51.9
√	√		√		51.1
√	√	√		√	52.3

5.4.5 模型鲁棒性分析

本小节中将分析模型性能对于下列 4 个超参数的鲁棒性：①控制着偏移量迁移强度的 Q；②控制着权重迁移强度的 β；③控制着防止负迁移强度的 β；④调整纠正函数曲线的 μ。通过交叉验证决定各个超参数的最优取值，并用于所有数据集。以 SUN RGB-D 数据集为例，在一定范围内改变某个超参数的取值并保持其他超参数不变，然后将模型性能的变化记录绘制，结果如图 5.9 所示。在该图中，各个子图中的虚线指示本章所提出的模型算法中各参数使用的默认值。可以观察到，本章所提出模型的性能相对于超参数具有一定程度上的鲁棒性。

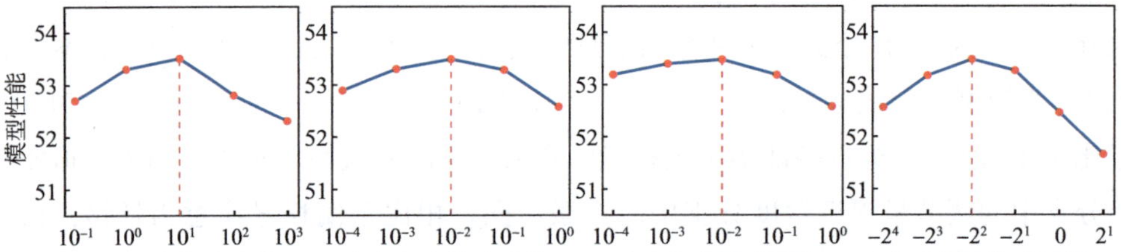

（a）超参数α的取值　（b）超参数β的取值　（c）超参数γ的取值　（d）超参数μ的取值

图 5.9　改变各超参数对模型的性能影响变化

5.4.6 注意力的可迁移性探究

深度数据的获取设备相比于 RGB 数据的获取设备有着极低的普及性，所以在本章中，测试阶段中的 RGB 数据很可能与训练阶段的 RGB-D 数据有着明显的域差异，所以探究该域差异对本章所提出模型的性能影响也是较为重要的一面。为此，探究本章所提出的方法从 SUN RGB-D 数据集到 places 数据集的可迁移性。沿袭之前的工作，进行两组实验的比较。

首先，本书直接使用在 SUN RGB-D 数据集上训练好的模型在 places 数据集上进行测试，并将结果汇总在表 5.1 的“T：SUN；E：places”一列中。虽然这两个数据集中有着明显的域差异，但在将深度信息作为特权信息的学习场景中的方法仍然表现出比仅有 RGB 模态场景中的方法更好的性能。也可以观察到，双重注意力的迁移相比于各个基准线方法带来大幅度的性能提升。

然后，为了缓解两个数据集直接的域差异，本书进一步在 places 数据集上进行微调。为了确保迁移的双重注意力不会由于深度数据的缺失而退化，冻结本书方法、DepthHallu、FeatHallu 中的想象分支。可以发现，ResNet18+、DF2Net、

TRecgNet 带来的性能增益在将深度信息作为特权信息的场景中的性能在微调之后减小了，例如微调前的+0.7% 相比于微调后的+0.2%。这可能是由于预训练中学习到的深度特权信息在微调阶段退化造成的。对于本书方法、DepthHallu、FeatHallu 来说，冻结想象分支的参数可以在一定程度上缓解退化问题。本书的双重注意力迁移仍然显著地提升性能，例如 78.4% 相比于 76.2%。上述结果的比较表明双重相似度有着更强的可迁移性，并且能够跨域地提升只含有 RGB 数据集上模型的性能。因此，使用深度信息作为特权信息并迁移双重注意力能够为 RGB 模型补充额外的几何信息。

5.4.7　跨模态迁移的讨论

本书自然地对迁移深度模态中的原始输入、中间特征、注意力之间进行对比。相比于深度模态的注意力，深度模态中的原始输入和中间特征看起来有着更多的信息。如果想象分支能够准确高效地想象出深度模态的原始输入或中间特征，那么模型的性能将会等效于在测试时具有深度数据的输入。因为真实的原始输入可以产生真实的中间特征，而真实的中间特征可以产生真实的注意力。然而，注意力迁移相比于输入迁移或特征迁移能够在实际上产生更大收益。

（1）最直观和可靠的方式就是直接比较不同模型的最终性能。例如，在表 5.1 中的“T：SUN；E：SUN”和“T：NYU；E：NYU”两列中，注意力迁移能够产生比输入迁移和特征迁移更优越的性能，例如 53.5% 相比于 51.2% 或 50.9%。

（2）比较各种方法的可迁移性也是一种有效的方式，因为在本书的场景中训练数据和测试数据可能有域差异。如表 5.1 中的“T：SUN；E：places”和“T：SUN/places；E：places”两列中所示，可以发现相似度迁移对于域差异有着更高的鲁棒性，例如 78.4% 相比于 76.2% 或 75.8%。

（3）如之前工作中所讨论的，输入迁移相比于基础的 RGB 模型仅有着略微更好甚至更差的性能。其中的原因可能在于像素级别的深度图片很难从 RGB 图片中估计出来，然后估计错误的深度像素有着弊大于利的效果。注意到 DepthHallu 和 TRecgNet 两个基准线方法在 NYU Depth v2 数据集上有着更小的性能提升，这是由于生产深度图片这个任务需要更多的训练数据。这个原因同样可以解释为什么注意力迁移相比于输入迁移和特征迁移有着更好的性能和鲁棒性。

5.4.8　注意力层架构分析

本章所提出的模型算法通过在网络中插入注意力层来进行跨模态迁移，所以其中注意力层的网络架构是一个比较重要的影响因素，在本小节中探究其对本书模型性能的影响。主要从3个方面探究注意力层架构对本模型产生的影响：①可调节和变形的卷积核大小；②插入注意力层的数量；③替换注意力层的数量。为了更为明显地分析本书所提出的指导代价函数带来的性能提升，在表5.3中分别记录网络使用各种注意力架构时启用本书设计的代价函数之前和之后的性能。

表5.3　不同架构的注意力层的性能比较表

注意力层	注意力层数	卷积核大小	准确率/%
插入层	1	3	47.6 → 51.3
	1	5	47.8 → 52.3
	1	7	47.9 → 52.5
	1	5	47.8 → 52.3
	2	5	48.1 → 53.5
	3	5	48.0 → 53.6
替换层	1	3	47.6 → 51.2
	2	3	47.9 → 52.5
	3	3	48.0 → 52.8

对于可调节和变形的卷积核大小，这是一个对于建模平面变换的重要影响因素，插入单层可调节和变形的卷积层并设置不同的卷积核大小更清晰地分析其影响。如表5.3中的第一组实验结果所示，基于更大卷积核的注意力迁移方法能够带来更为显著的性能提升。考虑到可调节和形变的卷积核大小为7的时候，模型的性能仅仅略微提升，而计算量和显存占用量却显著增大，所以在本书的模型算法中默认将可调节和形变的卷积核大小设为5。

对于插入注意力层的数量，本书统一使用可调节和形变的卷积核大小5并在骨干网络的最后一层后分别插入不同数量的注意力层，并将结果汇总在表5.3中的第二组中。从表中结果可见，插入两层可调节和形变的卷积层的模型分类性能要显著好于插入单层可调节和形变的卷积层，但是插入三层可调节和形变的卷积层的性能逐渐饱和，只相较于两层可调节和形变的卷积层的结果有略微提升。考虑到每层可调节和形变的卷积层都会增加一定的模型计算量和显存占用量，本书在所提出的模型中默认使用两层可调节和形变的卷积层。

除了在骨干网络的最后一层插入可调节和形变的卷积层的做法之外，还可以如同可调节和形变的网络中一样去替换骨干网络中的若干层卷积层为可调节和形变的卷积层。在这种情况下，由于骨干网络 ResNet 使用的是卷积核大小为3的卷积层，所以也只能够使用卷积核大小为 3 的可调节和形变的卷积层。本书分别替换骨干网络中的若干卷积层，并将结果汇总在表 5.3 的最后一组中。如表中所示，通过比较“插入”和“替换”两种方法，可以发现“插入”策略要显著优于“替换”策略。这可能是由于“插入”策略可以使用更大卷积核尺寸的可调节和形变的卷积层，从而让模型更好地建模深度模态中的平面几何信息，使得模型更好地学习到鲁棒的分类特征。

5.4.9　模型训练时耗比较

本小节将分析并比较不同模型算法之间的训练时间的差异。具体来说，使用 ResNet-18 骨干网络，并在 Ubuntu 18.04 操作系统和 Intel 9700K CPU 以及两块 NVIDIA 1080ti 显卡上进行这部分的实验比较。将各种模型算法的训练时间记录在表 5.4 中。其中，DF2Net 需要为 RGB 模态和深度模态各自训练具有识别力的特征，而 FeatHallu 及本章所提出的模型算法需要在深度模态之中预训练深度分支。虽然 TRecgNet 和 DepthHallu 不需要任何预训练阶段，但是它们的监督需要内容网络及深度图片编码器，这都需要消耗不少时间。正如表 5.4 中所展示的，本章所提出的模型在训练时间上的表现与 FeatHallu 大致相当。这两个方法有着类似的架构和训练流程。对于其他基准线方法，本书的模型方法比 ResNet18+和 TRecgNet 更慢，但是比 DepthHallu 和 DF2Net 更快。总体上看，本章所提出的模型算法在训练时间和分类性能之间达到一个更加让人满意的均衡。

表 5.4　各方法训练时间分析表

方法	预训练		训练	
	时间	代数	时间	代数
ResNet18+	—	—	0.9 min	100
DF2Net	3.2 min	50	2.1 min	100
TRecgNet	—	—	1.8 min	100
DepthHallu	—	—	3.5 min	100
FeatHallu	1.1 min	50	2.2 min	100
本章方法	**1.1 min**	**50**	**2.3 min**	**100**

5.4.10　骨干网络配置分析

本小节分析本书模型基于的骨干网络的架构对于方法最终性能的影响。对于骨干网络的选择，本书使用不同规模的 ResNet 作为骨干网络并进行性能分析，即使用 ResNet18、ResNet34、ResNet50。对于基准线方法的选择，本书使用两个最有竞争力的基准线方法 DepthHallu 和 FeatHallu 作为比较方法，并将结果汇总在表 5.5 中。从表 5.5 可见，本章的方法相较于两个基准线方法 DepthHallu 和 FeatHallu 在各种骨干网络上都表现出了更为优异的性能，即 58.7% 对比 56.2% 或 55.8%。因此，本章所提出的模型算法在不同规模的骨干网络的配置上都有着统一的最终性能提升。

表 5.5　各方法使用不同骨干网络的性能表

方法	ResNet18	ResNet34	ResNet50
DepthHallu	50.9	52.6	55.8
FeatHallu	51.2	52.8	56.2
本章方法	**53.5**	**55.4**	**58.7**

5.4.11　性能显著性分析

本小节将对本章所提出的模型取得的性能提升进行统计学上的显著性分析。具体来说，本书选择性能最为强劲的基准线方法 DepthHallu 以及 FeatHallu 作为比较方法，并在两个标准的 RGB-D 数据集上进行统计和分析。本书使用从 1 到 10 的随机种子将 3 个方法都运行 10 次，并汇总记录各自的结果。本章所提出的方法在 SUN RGB-D 数据集上的“均值±标准差”是 53.6% ±0.28%，在 NYUDv2 数据集上的“均值±标准差”是 66.9% ±0.21%。基准线方法 DepthHallu 在 SUN RGB-D 数据集上的“均值±标准差”是 50.7% ±0.24%，在 NYUDv2 数据集上的“均值±标准差”是 60.7% ±0.22%。基准线方法 FeatHallu 在 SUN RGB-D 数据集上的“均值±标准差”是 51.2% ±0.22%，在 NYUDv2 数据集上的“均值±标准差”是 63.1% ±0.11%。在显著性等级 0.05 的设置下，进行了显著性测试来验证本书的方法相较于基准线方法 DepthHallu 及 FeatHallu 取得了性能提升。在 SUN RGB-D 数据集上相较于两个基准线方法的 p 值（p-value）分别是 1.53e-14 和 7.28e-14，而在 NYUDv2 数据集上相较于两个基准线方法的 p 值（p-value）分别是 0.00 和 0.00，这些都远低于显著性等级 0.05。因此，这些分析充分验证了本章所提出的模型算法取得的性能提升在统计学意义上是显著的。

小　结

本章聚焦于 RGB-D 图像分类任务这个有代表性的多模态任务，其中难以方便且准确获得的深度信息制约了 RGB-D 分类模型的应用范围。为此，本书侧重研究将深度数据作为特权信息的任务设置，并提出了基于注意力迁移的模型，其中注意力具有更丰富的信息、更灵活的机制、更高的可迁移性。并且，本书提出了同时迁移并融合两种注意力机制来增强模型的性能，包括“后分析的重要性权重”和“可学习的平面变换”。最后，在两个标准 RGB-D 数据集上的深入实验充分证明了本书所提出的方法的有效性。本章所提出的基于双重注意力迁移的模型可以更好地应用在那些难以准确且可靠地获取深度数据的场景中。

第6章

基于关键点和链接迁移的类别无关姿态估计

前文介绍了“跨类别”的迁移学习中的图像分类和分割的模型和方法，其中迁移学习能够为深度学习模型缓解对于学习新种类所需的昂贵训练数据的依赖。本章将探讨关于“跨类别”的姿态估计，感知物体的位置、面积和结构是人类视觉系统的基本能力，从而激发了关于类别无关对目标检测、分割和姿态估计的研究。在这些任务中，类别无关姿态估计（CAPE）相对而言探索较少。尽管近期已经探究过类别无关姿态估计，但它们实际上属于少样本关键点检测领域，这需要知道类别并利用其少量样本进行关键点检测。

因此，本章提出一种基于关键点和链接迁移的类别无关姿态估计，预测的姿态包括关键点坐标、坐标点可见度和坐标点之间的链接关系。与现有类别无关姿态估计方法相比，本章提出的类别无关姿态估计方法无须参考图片也可估计任意类别物体的姿态。

6.1　研究动机与方法简介

姿态估计是一项基础的计算机视觉任务，且在现实世界中拥有广泛应用，旨在提取目标的对象结构，如关键点、链接（骨架）。尽管现有方法已经取得巨大成功，但其中大多数都使用特定的类别数据进行训练，因此无法估计与训练类别无关的物体姿态，尤其当物体具有不同的结构时更加困难。然而，人类具有感知类别无关物体的基本几何信息的固有能力，这些几何信息包括位置、面积和结构。鉴于此点，类别无关物体的目标检测和分割引起了极大的关注并得到了广泛研究，如边界框和掩码提议学习。然而，对类别无关姿态估计的探索相对不足。

近来，POMNet、CapeFormer 等工作介绍了类别无关姿态估计的任务，但实际上属于少样本关键点检测，如图 6.1(a) 所示，它是依据相同类别的少量注释图像去预测目标关键点。在这样的类别无关姿态估计设置中，必须知道每个测试图像的类别，并且使用正确的少量样本作为参考来检测关键点，这显然与类别无关（category-agnostic）的意图不符合。此外，这样的类别无关姿态估计在检测对应部分的任务和分割任务中，可以不在支持（或参考）的情况下进行预测。MetaPoint 的第一阶段可以在没有支持的情况下预测类别无关关键点，但如何预测关键点的链接仍然是个悬而未决的问题。尽管现存的 CAPE 方法取得了巨大的成功，但它们远未完成真正的类别无关姿态估计任务。

（a）现有CAPE模型的推理流程　　（b）本章提出的RealCAPE模型的推理流程

图 6.1　CAPE 和 RealCAPE 的对比示意图

鉴于上述状况，本章提出学习可迁移的关键点和关键点链接，从而实现真正的类别无关姿态估计方法，其中模型可根据输入的图像估计任意对象的关键点及其链接，如图 6.1(b) 所示。在数据设置方面，训练图像由基础类别的标注样本组成，测试图像则来自各种新类别图像。这里的新类别和基础类别是没有重叠的，且所有类别都可以有单独的结构。与现有的类别无关姿态估计方法相比，本章提出的方法更符合类别无关姿态估计的意图。

虽然真正的类别无关姿态估计看起来很简单，但实际上非常有挑战性。一方面，不同类别的物体具有不同的结构，例如，关键点的种类和数量及其他们的链接可能会有所不同。另一方面，姿态估计任务通常要求同一类别的姿态具有语义一致性。因此，本章总结真正类别无关姿态估计的相应目标有两个：一是结构的适应性；二是语义一致性。具体来说，预测的关键点可以自适应地去符合每个对象的结构，并且在不知道类别的情况下，保持同一类别的对象的语义一致性。

为了解决这种新颖而又具有挑战性的任务，本章提出一种基于适配监督的姿态精化框架，该框架可以从基础类别图像中同时学习可迁移的关键点和链接，从而直接估计类别无关物体的姿态。具体来说，方法会像一些前期工作一样使用一组查询嵌入向量，用于估计一组关键点及其可见性，然后预测每一对关键点是否存在链接。本模型非常紧凑且非常适合真正的类别无关姿态估计。

基于真实标签的定量评估对于一个任务的发展具有重大意义，但在真正的类别无关姿态估计中并没有那么简单，因为模型从未接触过新类别的标注。为此，本章设计一个两步评估协议，首先通过双向的匹配确定预测点和标注点之间的对应关系，接着计算关键点和关键点链接的准确性指标。本章在大规模多种类姿态数据集 MP-100 进行了广泛的实验和深入分析，其结果可充分表明方法是有效的。

6.2 类别无关姿态估计的相关工作

6.2.1 特定类别的姿态估计

姿态估计是计算机视觉中一项基本且活跃的任务，旨在定位 2D 图像中对象的预定义关键点。现有的姿态估计方法大多是特定类别的，即对一个目标类的姿态估计，如人类、车辆和动物。从技术上讲，这些姿态估计方法可以大致分为基于热图的方法、基于回归的方法和基于 Transformer 的方法。例如，Yang 等人提出通过 Transformer 模块有效地捕获对象部分之间的空间关系，也符合激活最大化的可解释性。Li 等人提出通过一种新的具有残差对数似然估计的回归范式来学习分布的变化，以促进训练过程。Luo 等人提出自适应调整关键点的标准差，可以容忍各种尺度和歧义。上述工作在类别指定姿估计方面取得了巨大的成功，但不适用于直接估计全新类别的有效姿态，特别是当新类别具有不一样的关键点和链接时。在本章的工作中，将重点关注预测类别无关对象的关键点和链接。

6.2.2 类别无关的姿态估计

最近 POMNet、CapeFormer 等工作引入了一个名为类别无关姿态估计的任务，该任务需要知道测试图像的类别，并使用它们的少量样本去预测关键点，因此属于少样本学习。对于少样本关键点估计，以往的方法主要集中在特定的领域，如面部图像、X 射线图像和服装图像。在使用更广泛的类别方面，Lu 等人探讨了灵活的少样本设置，考虑了新/基础类别和新/基础关键点。随后，Lu 等人进一步提出了一个针对上述设置和场景的显著性引导 Transformer 模型。随后，Lu 等人提出了一种高效、轻量化的少样本关键点检测器，该方法将调制和检测合并为一步，并使用对比学习来对齐关键点分布。此外，He 等人探索了使用少数样本结合未标记图像来学习关键点，并提出使用几何感知约束来提升关键点定位能力。对于类别无关姿态估计，Xu 等人提出了一个关键点匹配框架，该框架在支持关键点处提取特征，并利用它们每个像素的匹配相似性来检索所需的关键点。CapeFormer 这一项工作增强了上述匹配管道中的相似性建模，并提出通过一个精心制作的 transformer 解码器进一步细化每个关键点。MetaPoint 这一项工作提出首先估计类别无关的关键点，然后根据少样本图像将其细化为所需的关键点。PoseAnything 这一项工作提出了利用关键点之间的内在几何关系提高关键点定位的精度。虽然上述方法极大地促进了类别无关姿态估计的发展，但它们需要了解所有类别，并使用带注释的图像去定位关键点，这与类别无关姿态估计的定义是不符的。相比之下，本章提出了真正的类别无关姿态估计概念，其中模型可以根据输入的图像估计任意对象的关键点及其链接。

6.2.3　类别无关的目标检测和分割

受人类视觉系统基本能力的启发，类别无关的目标检测和分割引起了广泛的关注，也称为边界框和遮罩提议学习。在早期，低级别特征（如边缘、超像素和显著性）用来产生边界框提议或遮罩提议。近年来，提出了各种网络来学习边界框提议或遮罩提议。例如，最著名的工作之一是 Faster R-CNN，它使用区域提议网络来学习类不可知的边界框提议。此外，Pinheiro 等人提出用对象似然分数来学习类不可知的遮罩。虽然类别无关的检测和分割已经被充分探索，但在姿态估计中这种情况仍然未被充分探索。

6.3　基于关键点和链接迁移的模型算法

本章所提出的方法在训练时的具体框架如图 6.2 所示。该模型属于一种基于适配监督的姿态精化框架，可以从基础类别图像中同时学习可迁移的关键点和链接，从而直接估计类别无关物体的姿态。具体来说，本方法会使用一组查询嵌入向量用于估计一组关键点及其可见性，然后预测每一对关键点是否存在链接。以这种方式，学习到的查询嵌入向量和成对的链接存在都是与类别无关的，所以可以很好地实现跨类别迁移。此外，通过同一查询嵌入向量预测的不同图像上的关键点展现出内在的联系，这些联系可以在不知道类别情况下自然而然地呈现出语义一致性。因此，提出的模型非常紧凑且非常适合真正的类别无关姿态估计。

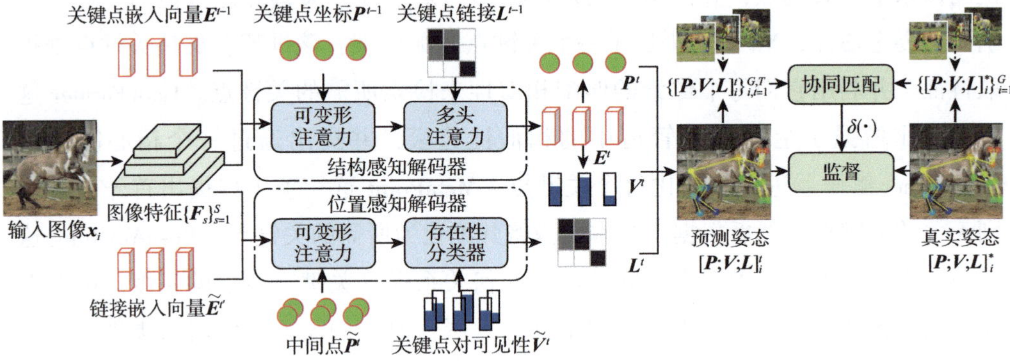

图 6.2　姿态精化模型的框架示意图

6.3.1　姿态表征初始化和数据设置

在模型的初始化中，初始姿态 $[\boldsymbol{P};\boldsymbol{V};\boldsymbol{L}]^0$ 用常量初始化，关键点嵌入向量 $\boldsymbol{E}^0$ 随机初始化。本方法的数据设置十分实用，因为一些类别（又名基础类别）已经有了姿态的注释，而其他类别（又名新类别）在实际应用中仍没有注释。相应地，在框架的训练阶段，有可用的基础类别的标注样本，第 i 个样本由图像 $\boldsymbol{x}_i \in \mathbb{R}^{3\times H\times W}$、关键点 $\boldsymbol{P}_i^* \in \mathbb{R}^{K_i^*\times 2}$、关键点链接 $\boldsymbol{L}_i^* \in \mathbb{R}^{K_i^*\times K_i^*}$ 组成，特别注意的是 K_i^* 是关键点的数量，且所有类别的关键点数量可能会有所不同，$\boldsymbol{L}_i^*$ 表示为二进制矩阵，表明每对关键点之间的链接是否存在。在测试阶段，学习到的 RealCAPE 模型会直接根据测试图像推断姿态，测试图像属于新类别图像，符合类别无关姿态估计的意图。

6.3.2　姿态精化框架的计算流程

本章构建的框架旨在直接从输入图片 $\boldsymbol{x}$ 中估计关键点和链接，但关键点数量可能会因为类别而异，因此首先利用可见性去填补关键点，即统一表示所有姿态由三部分组成，关键点坐标 $\boldsymbol{P} \in \mathbb{R}^{N\times 2}$，可见性 $\boldsymbol{V} \in \mathbb{R}^{N\times 1}$，以及关键点之间的链接 $\boldsymbol{L} \in \mathbb{R}^{N\times N}$，其中默认 $N = 80$。

如图 6.2 所示，精化框架会由 T 层精化层堆叠起来（默认 $T=3$），第 t 层精化层利用多尺度图像特征 $\{\boldsymbol{F}_s\}_{s=1}^{S}$ 和上一层精化的关键点嵌入向量 $\boldsymbol{E}^{t-1}\in\mathbb{R}^{N\times D}$ 去精化上一层的姿态 $[\boldsymbol{P};\boldsymbol{V};\boldsymbol{L}]^{t-1}\in\mathbb{R}^{N\times(3+N)}$ 的过程存在如下关系式：

$$[\boldsymbol{P};\boldsymbol{V};\boldsymbol{L}]^{t},\boldsymbol{E}^{t}=\mathcal{F}_{\mathrm{ref}}^{t}([\boldsymbol{P};\boldsymbol{V};\boldsymbol{L}]^{t-1},\boldsymbol{E}^{t-1},\{\boldsymbol{F}_s\}_{s=1}^{S}) \tag{6.1}$$

其中，关键点嵌入向量 $\boldsymbol{E}^{t-1}$ 可以视为基于查询的模型中的查询嵌入向量，用于决定模型的关键点预测，图像特征 $\{\boldsymbol{F}_s\}S_{s=1}$ 是通过将图像 x 输入骨干网络中提取得到的，并通过一个简单的步骤将其维度压缩为 D 维，$\mathcal{F}_{\mathrm{ref}}^{t}$ 表示的框架的第 t 层精化层，每层都以结构感知关键点解码器和位置感知链接解码器为主体。

在此步骤中，可学习姿态 $[\boldsymbol{P};\boldsymbol{V};\boldsymbol{L}]^{0}$ 和关键点嵌入向量 $\boldsymbol{E}^{0}$ 由所有类别和图像共享，因此可以捕获通用且可迁移的信息。将图像 x 输入框架经过 T 层精化层得到最后的预估姿态 $\{[\boldsymbol{P};\boldsymbol{V};\boldsymbol{L}]^{t}\}_{t=1}^{T}$ 作为输出结果。

6.3.3　结构感知解码器

根据上一层精化层预测的姿态 $[\boldsymbol{P};\boldsymbol{V};\boldsymbol{L}]^{t-1}$、关键点嵌入向量 $\boldsymbol{E}^{t-1}$ 和图像的多尺度特征 $\{\boldsymbol{F}_s\}_{s=1}^{S}$，结构感知关键点解码器首先依据上一层的预测姿态得到的结构感知特征将关键点嵌入向量更新成新的嵌入向量 $\boldsymbol{E}^{t}$，随后将嵌入向量 $\boldsymbol{E}^{t}$ 逐步解码为更为精确的关键点坐标 $\boldsymbol{P}^{t}$ 和可见度 $\boldsymbol{V}^{t}$。在此步骤中，首先通过可变形注意力机制去更新关键点嵌入向量 $\boldsymbol{E}^{t-1}$，过程可表示为如下关系式：

$$\boldsymbol{E}^{t'}=\mathcal{F}_{\mathrm{defatt}}(\boldsymbol{E}^{t-1},\boldsymbol{P}^{t-1},\{\boldsymbol{F}_s\}_{s=1}^{S}) \tag{6.2}$$

在此过程中，会利用之前的预测关键点 $\boldsymbol{P}^{t-1}$ 作为参考点，自适应地从特征图中挖掘细粒度特征。接着利用关键点链接 $\boldsymbol{L}^{t-1}$ 提供的结构信息使用多头注意力去更新嵌入向量，过程可表示为如下关系式：

$$\boldsymbol{E}_q^{t}=\boldsymbol{E}_q^{t'}+\sum_{m}\boldsymbol{W}_m\Big[\sum_{n}\mathcal{N}(A_{mqn}+\boldsymbol{L}_{qn}^{t-1})\cdot\boldsymbol{W}'_m\boldsymbol{E}_n^{t'}\Big] \tag{6.3}$$

其中，q 和 n 表示的是关键点嵌入向量的索引，用来选定关键点；m 表示的是注意力头的索引；$\boldsymbol{W}$ 表示的是可学习权重，A_{mqn} 表示的是初始注意力权重，$\boldsymbol{L}_{qn}^{t-1}$ 表示的是第 q 和 n 个关键点的链接强度，$\mathcal{N}(\cdot)$ 表示的将注意力权重的总和归一化的操作。

最后，将精炼好的关键点嵌入 $\boldsymbol{E}^{t}$ 解码为关键点坐标与可见性，过程可表示为如下关系式：

$$[\boldsymbol{P};\boldsymbol{V}]^{t}=\sigma(\sigma^{-1}([\boldsymbol{P};\boldsymbol{V}]^{t-1})+\mathcal{F}_{mlp}^{t}(\boldsymbol{E}^{t})) \tag{6.4}$$

其中，σ 和 σ^{-1} 分别表示的是 sigmoid 函数及其逆函数，$\mathcal{F}_{\mathrm{mlp}}^{t}$ 表示的是轻量级的预测头。通过结构感知解码器模组，关键点坐标和可见性将会逐步精炼细化。

6.3.4 位置感知解码器

位置感知解码器首先通过枚举相加每一对关键点嵌入的方式获得初步的链接嵌入向量 $\widetilde{\boldsymbol{E}}^{t'} \in \mathbb{R}^{N\times N\times D}$。过程可表示为如下关系式：

$$\widetilde{\boldsymbol{E}}^{t'}_{p,q} = \boldsymbol{E}^{t}_{p} + \boldsymbol{E}^{t}_{q} \tag{6.5}$$

本章通常会将链接嵌入向量 $\widetilde{\boldsymbol{E}}^{t'}$ 输入存在性分类器去预测关键点之间的链接是否存在，但这种方式会忽略沿链接的图像特征，这在链接存在性预测中尤为明显。因此，模块提出用中间点 $\widetilde{\boldsymbol{P}}^{t} \in \mathbb{R}^{N\times N\times 2}$ 作为参考点，通过采用沿着链接的图像特征，并利用可变形注意力机制，以补全链接嵌入向量。过程可表示为如下关系式：

$$\widetilde{\boldsymbol{E}}^{t} = \mathcal{F}_{\text{defatt}}(\widetilde{\boldsymbol{E}}^{t'}, \widetilde{\boldsymbol{P}}^{t}, \{\boldsymbol{F}_s\}_{s=1}^{S}) \tag{6.6}$$

其中，中间点 $\widetilde{\boldsymbol{P}}^{t}$ 通过每对关键点坐标的平均值获得，这个过程使得使沿着链接的自适应特征聚合成为可能，用于补全链接嵌入向量。

最后，将链接嵌入向量解码为关键点之间的链接存在性，过程存在如下关系式：

$$\boldsymbol{L}^{t} = \widetilde{\boldsymbol{V}}^{t} \cdot \sigma(\sigma^{-1}(\boldsymbol{L}^{t-1}) + \mathcal{F}^{t}_{\text{cls}}(\widetilde{\boldsymbol{E}}^{t})) \tag{6.7}$$

其中，$\mathcal{F}^{t}_{\text{cls}}(\cdot)$ 表示的是一元存在性分类器，表明一对关键点之间是否存在链接。因为关键点链接只有在可见点之间才会存在，所以枚举每对关键点对的可见度做平均操作获得关键点对的可见度 $\widetilde{\boldsymbol{V}}^{t} \in \mathbb{R}^{N\times N}$，用于筛选出有效链接。

6.3.5 模型训练和测试

给定图像 x_i 在通过姿态精化框架得到最后的 T 层预测姿态 $\{[\boldsymbol{P};\boldsymbol{V};\boldsymbol{L}]^{t}_{i}\}_{t=1}^{T}$ 与补全的真实标签姿态 $[\boldsymbol{P};\boldsymbol{V};\boldsymbol{L}]^{*}_{i}$，在基于查询的模型中，采用基于匹配的监督算法是合理的，但在本章的实验设置中可能导致同种类图像的匹配不一致，所以为了图像更好的语义一致性，将执行在一组图像上的协同匹配算法。

每个小批量包含多个组，每个组会包含同种类别的 G 张图像，首先会计算预测关键点匹配到真实标签的协同匹配成本 $C \in \mathbb{R}^{N\times K}$，过程可表示为如下关系式：

$$C_{n,k} = \sum_{i}^{G} \sum_{t}^{T} \mathcal{L}_{L_1}(\boldsymbol{P}_{i,n}^{t}, \boldsymbol{P}_{i,k}^{*}) + \alpha \mathcal{L}_{\text{bce}}(\boldsymbol{V}_{i,n}^{t}, \boldsymbol{V}_{i,k}^{*}) \tag{6.8}$$

其中，n 和 k 分别代表第 n 个预测关键点和第 k 个真实标签关键点，$\boldsymbol{P}_{i,n}^{t}$ 表示第 i 张图像经过第 t 层精化层预测得到的第 n 个关键点的 2D 坐标，$\mathcal{L}_{L_1}$ 和 $\mathcal{L}_{\text{bce}}$ 分别表示 L_1 损失函数和二元交叉熵损失函数。

接着使用 $\delta(\cdot)$ 表示求解最优协同匹配的操作，例如第 k 个真实标签关键点与第 $\delta(k)$ 个预测关键点为最优协同匹配。用 $\mathcal{M}$ 表示匹配成功的预测点索引集，$\mathcal{U}$ 表示未匹配的索引集。得到最优的关键点协同匹配关系 $\delta(\cdot)$ 之后，对同一组的每一张训练图像使用相同的匹配关系，并计算预测关键点和真实关键点标签的差值和预测可见度和关键点链接与真实标签的交叉熵来返回代价函数，再进行反向传播。训练过程可表示为如下关系式：

$$\mathcal{L}_{\mathcal{M}} = \frac{1}{K^*} \sum_{t}^{T} \sum_{k}^{K^*} \mathcal{L}_{L_1}(\boldsymbol{P}_{\delta(k)}^{t}, \boldsymbol{P}_{k}^{*}) + \alpha \mathcal{L}_{\text{bce}}(\boldsymbol{V}_{\delta(k)}^{t}, \boldsymbol{V}_{k}^{*}) + \frac{\beta}{K^*} \sum_{j}^{K^*} \mathcal{L}_{\text{bce}}(\boldsymbol{L}_{\delta(k),\delta(j)}^{t}, \boldsymbol{L}_{k,j}^{*}) \tag{6.9}$$

其中，α 和 β 表示用来平衡关键点回归损失、可见性分类损失和链接分类损失的超参数，同时使用损失 $\mathcal{L}_{\mathcal{U}}$ 去迫使未匹配成功关键点的可见性和链接存在性趋于 0。基于这种方式，使样本的预测姿态分布更接近真实分布。

反向传播训练结束后，固定网络参数，输入新类别图像到模型框架中，以框架精化层最后一层的输出结果作为预测姿态。

6.4　在 MP-100 大型数据集上的实验分析

6.4.1　数据设置和实验设置

一般来说，本章遵循相关工作的实验设置。实验是在 MP-100 数据集上进行的，它涵盖了 8 个超类，是最大的相关基准数据集。MP-100 数据集包含约 18 K 张图像和 20 K 个注释，关键点数量在 8~68 之间，涵盖不同类别。考虑到 MP-100 提供的原始注释缺少对某些类别的链接注释，本章使用了由 PoseAnything 这一项工作补充的链接注释。遵循 MP-100 中数据集的划分，即所有类别被分成不重叠的训练、验证和测试集，比例为 70 : 10 : 20，选取 5 个随机划分（S1 到 S5）以减少随机性的影响。采用 ResNet-50 作为骨干网络。

在真正的类别无关姿态估计的实验设置中，每一张测试图像都来自新类别，使用最后预测的姿态评估 $[\boldsymbol{P};\boldsymbol{V};\boldsymbol{L}]_i$。这种方法具有广泛的兼容性，因为任意的姿态估计都可以用可见性以置信度或者约束的形式去填补。选择平均精度（AP）作为基础的评价指标，因为其能很好地平衡精确率和召回率。考虑到姿态由关键点和链接组成，方法采用平均关键点 AP 与链接 AP 去获得姿态 AP，方法的主评估指标是姿态平均精度均值（mAP），即所有类别的姿态 AP 的平均值。

评估指标需要关注预测姿态的结构适应性和语义一致性，因为真正的类别无关姿态估计的模型从没有接触过新类别的真实标注，所以要先将预测姿态与真实姿态进行匹配，再计算评估指标。基于匹配的评估方法在这种情况下是十分合适的，因为没有与真实标注匹配到的预测会降低召回率，进而降低平均精度均值。同时，计算每个类别所有测试图片与真实标签的匹配对应，意味着在不同图像中，估计的姿态应该是一致且匹配良好的。基于匹配的评估与基于匹配的监督类似，需要先计算与评估指标相关联的匹配成本矩阵，具体可表示为如下关系式：

$$\boldsymbol{C}_{n,k} = \sum_{i} \mathbb{I}(|\boldsymbol{P}_{i,n} - \boldsymbol{P}^{*}_{i,k}| < T_p) \cdot \boldsymbol{V}^{*}_{i,k} \cdot \mathbb{I}(\boldsymbol{V}_{i,n} > T_v) \tag{6.10}$$

其中，$\mathbb{I}$ 表示指示器函数，T_p 表示距离阈值，T_v 表示计算 AP 的分数阈值。使用分数从 0.1 到 0.9 的 9 个分数阈值去获取 AP@ T_p（其中 AP 是上一段介绍的指标；@ 表示这一阈值下的指标），取关键点在[0.05,0.1,0.15,0.2]4 个阈值下的平均 AP 作为关键点 AP。Link AP 遵循分类问题的常用做法。

6.4.2 与现有工作的比较

目前，很少有方法可估计与类别无关的对象的关键点和链接。因此，本章选择了 3 种具有代表性的方法，并将这几种方法作为实验比较的基准线，包括 Sim. Base、GroupPose 和 MetaPoint。此外，本章还设置了一个名为 Oracle* 的基准线，通过使用所有类别的注释数据训练本章的模型来显示模型的性能上限。

本章为实验设置了两种关键点顺序。第一种关键点顺序是 MP-100 数据集中的默认顺序，其中基础类别和新类别有相关的关键点索引。因此，第二种关键点顺序是通过打乱获得的独立顺序，这有更少的限制，因此更实用（默认情况下，使用独立顺序）。5 个数据集划分的所有结果见表 6.1。

表 6.1　5 个数据集划分的所有结果

方法	关联关键点顺序						独立关键点顺序					
	S1	S2	S3	S4	S5	AVG	S1	S2	S3	S4	S5	AVG
Sim. Base	56.1	40.3	42.8	42.4	45.3	45.4	19.1	13.0	13.4	13.2	15.3	14.8
GroupPose	59.2	43.8	46.1	45.5	47.9	48.5	21.8	15.5	16.1	16.2	18.5	17.6
MetaPoint	52.3	38.4	40.1	39.8	43.2	42.8	51.2	38.2	39.7	39.8	43.1	42.4
本章方法	**73.5**	**60.2**	**64.2**	**65.2**	**64.1**	**65.4**	**73.2**	**60.1**	**64.0**	**64.9**	**63.2**	**65.1**
Oracle*	82.7	79.2	76.1	76.1	78.6	78.5	82.6	78.8	76.1	75.7	78.6	78.4

可以发现下列观察：①提出的方法在这两种不同关键点顺序中大幅优于其他基准线。②本章的方法可以达到 Oracle* 所显示的上限性能的 83%左右。③没有基于匹配的监督的方法虽然能够通过相关知识学习关键点的迁移，但却因为实际设置中使用独立的关键点顺序导致性能显著降低。总的来说，本章的方法在不同的数据集划分和不同的顺序类型上具有相对稳定的性能。

本章在图 6.3 中选择最具竞争力的基准线（即 MetaPoint）进行定性比较。在分数阈值为 0.5，距离阈值为 0.1 的情况下，显示了关键点和链接的 F1 分数（精度和召回率的调和平均值），并显示在图像的左下角和右下角。一方面，本方法估

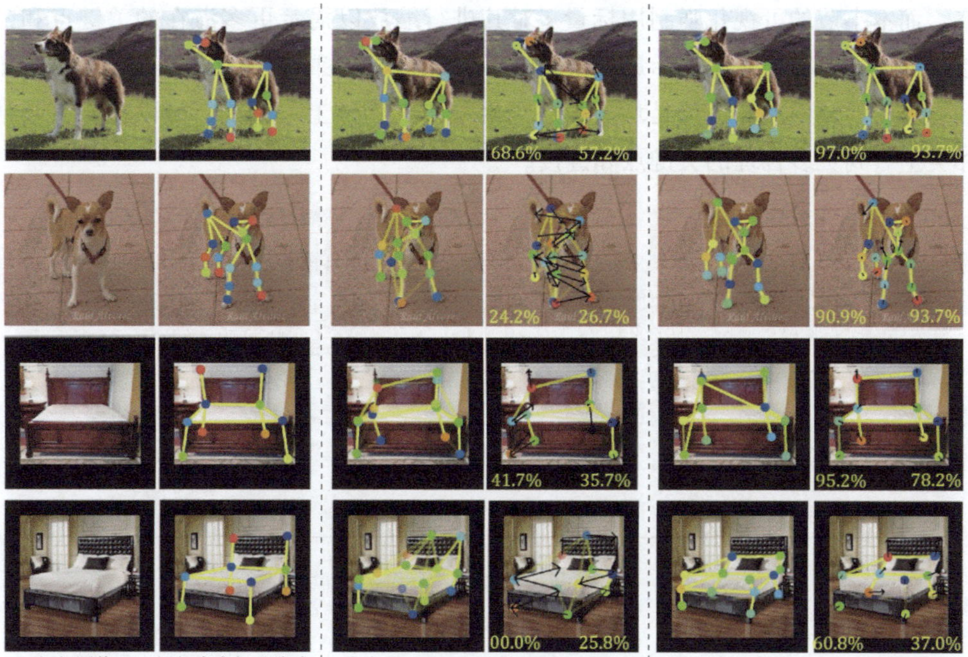

（a）图像　（b）真实标签姿态　（c）MetaPoint　（d）MetaPoint-$\delta(\cdot)$　（e）Ours　（f）Ours-$\delta(\cdot)$

图 6.3　与最有竞争力的基准线的定性比较

计的姿态更适合使用关键点和链接的对象结构。即使对于具有挑战性的新类别“床”，本方法也能直接从图像中产生令人满意的姿态。另一方面，预测的姿态在图像之间保持了更好的语义一致性，这可以通过跟踪相同颜色的关键点来验证。因此，本方法可以学习具有更高可迁移性的关键点和链接，并为新类别物体预测出更好的姿态。

6.4.3 关键点和链接的可迁移性分析

这是本章的重点，图 6.4 清晰且直观地展示了答案。该可视化首先计算关键点和链接的可见度频率，并选择累计频率较高的链接（即关键点对）来可视化相对应的预测结果。注意，在基础类别中没有任何注释约束了链接，本章的模型可以自适应地从基础类别中学习通用关键点和链接，也可以正确地将它们迁移到新类别中。例如，提出的模型学习到的“脚”关键点和链接可以跨动物、汽车和床等类别迁移，如图 6.4 最后一行所示。

6.4.4 关键点和链接的分布范围分析

在本章提出的模型中，存在可见性/概率（即 $[V;L]$）可以适应性地调节姿态，而本小节的可视化强制用标量 s 对其进行缩放以揭示更多潜在的关键点和链接。如图 6.5 所示，增大标量 s 的取值，可以看到潜在的关键点和链接是如何分布的。潜在的关键点和链接是均匀而适当地分布在物体上。例如，可以在衣服或身体类上看到更多合理的关键点和链接。

图 6.4　两个常见的链接在不同类别上的可视化

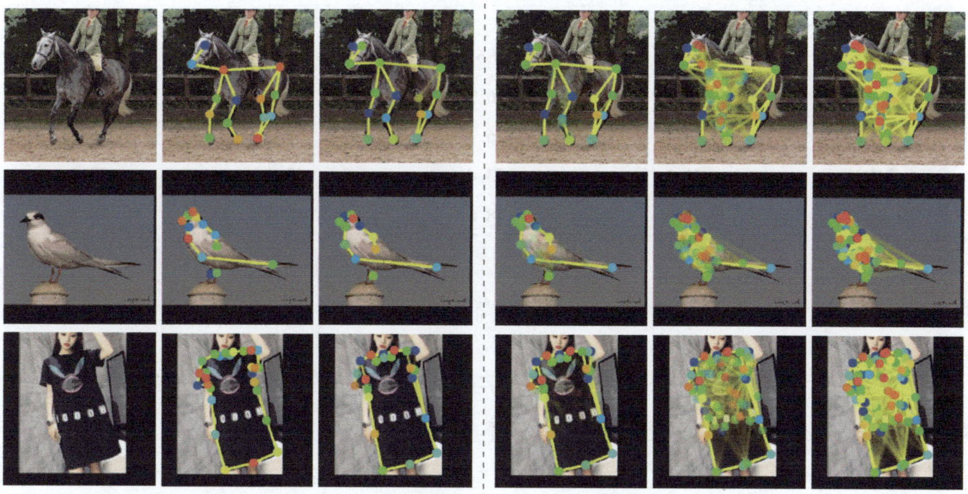

图 6.5　通过标量 s 缩放可见度揭示更多潜在关键点

6.4.5　使用超类作为新类别的分析

为了探究域差距如何影响本方法的迁移学习，本节实验分别使用 4 个超类（即人体、人脸、家具和车辆）中的一个作为新类别，并使用其他类别作为基础类别进行研究。如表 6.2 所示，在这种具有挑战性的情况下，本模型显著优于所有可比较的基准线（如性能提升了 11.2%），这表明本模型对类别分布变化具有更高的鲁棒性。

表 6.2　超类数据集划分的实验结果

方法名	Body	Face	Fur.	Veh.
GroupPose	8.9	9.2	10.1	7.7
MetaPoint	29.7	20.1	22.1	20.5
本章方法	**41.9**	**25.5**	**28.4**	**27.9**
Oracle *	78.3	71.1	82.8	56.4

6.4.6　使用更少基础类别的实验分析

基于 S5，通过逐步将 10 个随机基础类别移动到新类别中，得到了 S6/7/8（S8 的划分比例为 40：50）。如表 6.3 所示，由于基本类别较少，所有性能表现都有所下降，但本章的模型依然达到了最优性能，显示了提出模型强大的泛化能力。

表 6.3　用更少基础类别种类的数据集划分的实验结果

方法	S5	S6	S7	S8
GroupPose	18.5	16.9	15.8	14.9
MetaPoint	43.1	36.1	31.2	26.7
本章方法	**63.2**	**53.4**	**45.9**	**38.8**
Oracle*	78.6	78.8	78.3	78.4

6.4.7　使用更少基础类别图像数量的实验分析

与上一小节类似，值得关注的点是学习可迁移关键点和链接所需的标注基础类别图像的最小数量。如表 6.4 所示，本模型在只使用了基础类别 10% 的图像的情况下仍然达到了相对令人满意的结果，是因为本章提出的模型能够适应性地关联各种类别，并使用来自多个类别的图像训练一个关键点嵌入向量。

表 6.4　在 S1 数据集划分下使用更少基础类别图片数量实验结果

方法	100%	40%	20%	10%
GroupPose	21.8	14.3	11.6	9.6
MetaPoint	51.2	43.1	38.2	35.7
本章方法	**73.2**	**64.1**	**59.2**	**54.2**
Oracle*	82.6	80.6	76.0	68.3

6.4.8　消融实验分析

为了研究各模块的贡献，本小节用 SAKD 表示结构感知解码器。Basic 表示在没有施加模块时的基础模型。PALD 表示位置感知解码器，CMBD 表示基于协同匹配的监督，如表 6.5 所示。利用链接提供的结构感知特征显著提高了性能（即+4.1%），并利用关键点对之间的特征进一步提高了性能（即+9.5%）。启用基于协同匹配的监督显著提高了性能（即+8.8%），这是因为对相同嵌入向量的关键点施加了明确的一致性约束。因此，本章提出的模块是有效的且互补的。

表 6.5　在 S1 数据集划分下消融实验结果

Basic	SAKD	PALD	CMBS	S1
√				50.8
√	√			54.9
√	√	√		64.4
√	√	√	√	73.2

小　结

本章提出了真正的类别无关姿态估计任务，其中模型可以预估任何对象具有结构适应性和语义一致性的关键点和关键点链接。对于这种新颖且充满挑战的任务，本章提出了基于协调匹配监督的姿态精化框架，该模型可以共同学习可迁移的关键点和链接，去预估类别无关的对象的姿态。本章对 MP-100 数据集进行了广泛的实验和深入分析，充分证明了该方法的有效性。

第 7 章

基于提示迁移与关联迁移的极小样本姿态估计

前文介绍了基于迁移学习的姿态估计方法，可为跨类别物体估计姿态。本章将继续探讨关于“跨类别”的姿态估计，对其进行更深入的研究。姿态估计是计算机视觉领域的一项基本任务，但训练传统的模型需要大量昂贵的标注数据。考虑到物体结构和语义对于生成逼真图像至关重要，预训练的文本到图像的扩散模型必然蕴含了丰富的知识，这对姿态估计极为有益。本章展示了可以利用扩散模型中的知识，仅凭少量标注图像就能对新类别图像进行关键点定位，并且可以进一步提高在新类别未标注图像的情况下定位的准确性。

具体来说，本章将文本嵌入视为提示，并将它们的注意力图作为关键点热图，通过基于匹配的损失进行训练，从而可以直接定位新类别图像的关键点。并且，利用聚合特征图来计算关键点语义对应关系，这在类别间是可迁移的，可以很好地有利于新类别的无监督学习。因此，对于数据有限的极小样本姿态估计，能够实现显著和令人满意的性能。本章在大规模数据集 MP-100 上进行了大量的实验和深入的分析，证明了该方法的有效性。

7.1 研究动机与方法简介

姿态估计是一项基础的计算机视觉任务，在现实世界中有广泛的应用，包括智能交互、行为分析和增强现实等。虽然现有的姿态估计方法取得了很大的成功，但它们通常需要所有类的大量的标注数据来进行完全监督学习。因此，昂贵的注释费用极大地限制了跨类别的扩展和姿态估计的更广泛应用。少样本学习和无监督学习是节省注释费用的两种有效且普遍的范例。然而，少样本关键点估计仍然需要丰富不可忽略的注释，尽管无监督关键点预测可以从无注释数据中学习关键点，却难以实现与预期一样的关键点预测且只支持单种类的关键点预测。

昂贵的标注数据极大地限制了姿态估计的类别扩展和广泛应用，为达到在减少所需关键点注释同时学习多个种类的关键点的实用性，可以利用稳定扩散模型所学习到的图像结构和语义等丰富知识去实现更少样本、更高精度的姿态估计。通过对数据受限的多种类姿态估计研究不仅能节省标注数据的费用，而且能在新类别上适用。相比于之前完全监督的姿态估计，基于预训练扩散模型处理受限数据的高精度姿态估计的研究更具有学术价值和应用前景。

本章研究的是数据受限的极小样本姿态估计问题，致力于在一些来自基础类别的有标注图像的支持下，从新类别无标注图像中学习到关键点。如图 7.1 所示，本章的数据设置只需要少量有标注图像和一些无标注图像，因此比监督学习、少样本学习和无监督学习更实用经济。在测试阶段，数据设置下的模型要求预测多种新类别目标的关键点。

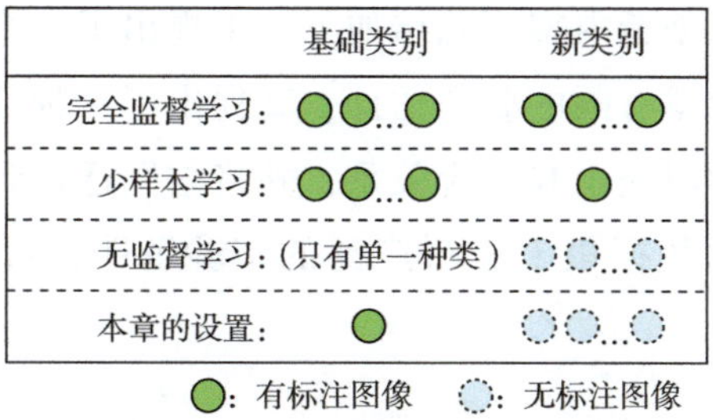

图 7.1　不同方法数据设置的对比图

鉴于上述状况，本章提出一种利用预训练扩散模型处理受限数据的高精度姿态估计方法。在数据设置上，所有物体类别分为有标注的基础类别图像和与基础类别不同类别的无标注新类别图像。这里的新类别和基础类别是没有重叠的，且所有类别都可以有单独的结构。本章提出了一个紧凑的框架来利用预训练的扩散模型进行数据限制的姿态估计，如图 7.2 所示。

受 SDKP 的启发，本章将文本嵌入视为可学习的提示，并将其在扩散模型中的注意力图作为关键点热图，并通过聚合网络（AggNet）聚合扩散特征来计算关键点对应关系。使用了基于匹配的损失来迫使这些提示自适应地学习真实标签（GT）关键点。这种监督可以充分利用基础类别的注释图像，因为不同类的关键点具有潜在的关系。例如，马和桌子都有“脚”这个关键点。因此，这些学习好的提示可以直接定位新类别的关键点，这相对 SDKP 来说是个重大进步。为了充分利用有限的数据，用有标注的图像对 AggNet 进行训练，并根据预测的语义对应关系对未标注的图像应用一致性损失。通过这种方式，本模型可以在受限的数据下学习新类别的有效关键点。

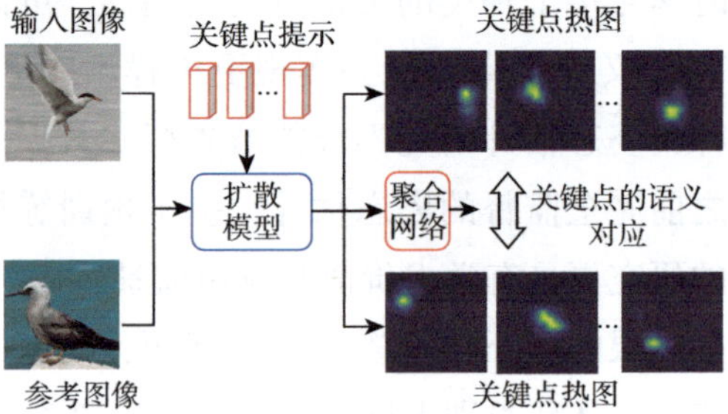

图 7.2　本章方法的概览图

本章在大规模的多类别姿态数据集 MP-100 上进行了全面的实验和深入的分析。该模型从未访问过新类别的真实标签关键点，所以需要采用基于匹配的评估方法来计算指标。本章创新内容可总结如下：①提出了一个紧凑的框架，可利用预训练扩散模型进行数据有限的姿态估计；②提出了一种适应性学习方法，可从基础类别中自适应地学习提示和对应关系，并将它们迁移到新类别中以学习有效的关键点；③在大规模数据集上进行广泛的实验证明，可充分显示该方法的有效性。

7.2　提示迁移与关联迁移方法的相关工作

7.2.1　全监督姿态估计

大多数现有方法侧重于特定类别的完全监督学习，如人类、动物和车辆。从技术上讲，这些方法可以大致分为基于回归的、基于热图的以及基于 Transformer 的方法。举例来说，DEKR 利用像素级空间变换器（pixel-wise spatial transformer）来实现自适应卷积，以激活关键点区域，并相应地学习关键点表示方法。这种方法能够在空间上更准确地预测关键点。TCFormer 这一项工作通过渐进式 token（词条）聚类捕捉了更详细的信息，其中 token 可以从不同位置合并，具有灵活的形状和大小，因此可以关注重要的区域。上述工作在估计特定类别的姿态方面取得了巨大的成功，但它们需要大量的注释图像，且不适用于新类别。本章工作着重于在有限的数据下对多个新类别的姿态估计。

7.2.2　少样本姿态估计

少样本姿态估计通过学习新类别样本，降低了标注成本。以前的方法集中于特定的领域，如服装、面部、X 射线图像。Lu 等人探索了一种更灵活的少量样本场景，用于学习新/基础类别和新/基础关键点，并提出利用显著性来引导上述场景和转导场景中的 transformer 模型。此外，Lu 等人还提出结合调制与检测，并使用对比学习来对齐关键点分布，以提高效率和准确性。同时，POMNet 这一项研究工作引入了一种特殊的少样本设置，称为类别无关姿态估计，并提出了一个关键点匹配框架，用于基于少样本检索结果。CapeFormer 这一项研究工作进一步增强了 POMNet 中的相似性建模，并提出了通过 Transformer 解码器细化粗略关键点的方法。MetaPoint 这一项研究工作提出预测潜在的关键点，并根据少样本进行细化。虽然上述方法很好地促进了少样本姿态估计，但他们需要大量的注释来标注基础类别，对于新类别也需要不可忽略的注释。相比之下，本章工作充分利用扩散模型，并且只需要有限的数据来学习新类别的关键点。

7.2.3　无监督姿态估计

无监督姿态估计只需要无注释图像去发现单种类的关键点。总的来说，大多数现有方法的高级思想是在图像重建或视频重建中设计关键点瓶颈。Hedlin 等人提出将预训练扩散模型中文本嵌入的注意图作为关键点热图，并利用关键点定位损失和一致性损失对文本嵌入进行优化，用于无监督姿态估计。虽然上述方法可以从未注释的图像中发现关键点，但大多数方法对多种类来说很难发现期望的关键点。相比之下，本章工作遵循了 SDKP 提供的相同的灵感，并提出了一个精心定制的框架来学习关键点提示和语义对应关系，用于数据有限的姿态估计。

7.2.4　通过扩散模型的语义对应

语义一致性是姿态估计的基本要求，最近的工作已经成功地从扩散模型中提取了准确的语义对应关系。例如，Hedlin 等人提出利用将源图像提取出的注意图与它对应的模拟高斯热图相逼近的方式去优化文本嵌入向量，并使用文本嵌入向量找到目标图像中的语义对应区域。Luo 等人提出了聚合多层特征图来计算语义对应关系。本章为学习新类别的关键点提供了可迁移的监督方法。

7.2.5 用预训练模型进行提示学习

预训练的基础视觉模型使得在特定视觉任务中进行数据受限的学习成为可能。其中最著名的工作之一是 CoOp，它从标注图像中学习用于 CLIP（图像预训练）的提示。之后，CoCoOp 这一工作提出进一步学习一个轻量级网络来生成一个输入相关的 token，这可以更好地推广到新类别。基于类似的灵感，Huang 等人提出从未标记图像中学习 CLIP 提示。与之相似，本章工作考虑在有限数据的情况下利用扩散模型学习关键点提示，这与上述工作具有相同的实用性。

7.3 基于提示迁移与关联迁移的模型算法

本章所提出的方法在训练时的具体架构见图 7.2，致力于在少量基础类别有标注图像的支持下从新类别无标注图像中学习关键点，这比少样本和无监督姿态估计更经济实用。在训练阶段的样本组成与前文提到的类别无关姿态估计设置相似。测试阶段使用未在训练阶段使用的新类别图像预测关键点，保证模型的泛化性。

7.3.1 整体框架流程

如图 7.3 所示，本章提出了一个紧凑的框架来学习和迁移关键点提示和语义对应关系。在训练阶段，如果新类别的未注释图像的数量不是零，则每个小批次都包含从基础类别和新类别中随机抽取的图像。此外，每次取训练图像 $\boldsymbol{x}_i \in \mathbb{R}^{3\times H\times W}$ 与来自同一类的参考图像 $\boldsymbol{x}_r$ 作为图像对，并根据图像的所属类别采用各自的监督。为了预测关键点，保持 N 个可学习的关键点提示 $\boldsymbol{E} \in \mathbb{R}^{N\times D}$，它对应于文本/查询嵌入向量，默认情况下设置为 $N = 100$。

值得注意的是，这些关键点提示将由所有图像和所有类共享，因此可以捕获可迁移的知识来预测新类别的关键点。具体来说，对于属于基础类别的图像对 $(\boldsymbol{x}_i,\boldsymbol{x}_r)$，应用基于匹配的损失来学习关键点提示，并应用对比损失学习关键点的语义对应。对于属于新类别的图像对，应用一致性损失将学习得到的关键点提示与语义对应迁移到新类别上。通过这种方式，本模型可以同时学习和迁移关键点知识，用于数据有限的姿态估计。

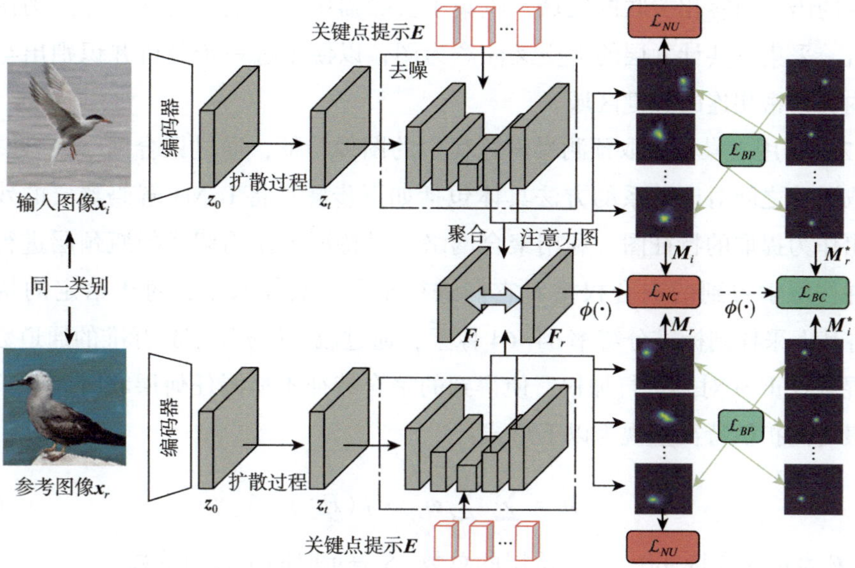

图 7.3　本方法在训练阶段中的架构示意图

7.3.2　关键点热图与语义对应关系的提取

本章所提出的方法会充分利用到预训练扩散模型，使用基于关键点提示的内部注意力图作为关键点热力图的预测。扩散模型整体的细节可以在前期工作中找到，这里将着重描述通过给定图像和关键点提示提取关键点热图与语义对应关系的过程。利用去噪器，提取预测噪声过程中的图像关键点热图的方法，具体步骤如下：

（1）在模型的 Transformer 部分，将 $\Phi_l^c(\cdot)$ 和 $\Psi_l^c(\cdot)$ 表示为 U-Net 的第 c 个注意力头和第 l 个线性层，计算的 query 表示为 $Q_l^c=\Phi_l^c(z_{t=1})\in\mathbb{R}^{H\times W\times D_l}$，从关键点提示计算的 key 表示为 $K_l^c=\Psi_l^c(E)\in\mathbb{R}^{N\times D_l}$，其中 E 是关键点提示，N 是其 token 的数量，z 是从图像 x 映射到潜在空间的潜在嵌入，t 是扩散模型的时间步长，默认为 1，H 和 W 是 U-Net 指定层的图像高宽，D_l 是指定层的维度。收集上述不同层 queries 和 keys 的交叉注意力图得到全面的交叉注意力图的过程参见如下关系式：

$$\boldsymbol{M}=\mathbb{E}_{l=7..10}[\mathbb{E}_c[\mathrm{softmax}_c(\boldsymbol{Q}_l^c\cdot\boldsymbol{K}_l^c/\sqrt{D_l})]]\in\mathbb{R}^{H\times W\times N}\tag{7.1}$$

其中，$\mathrm{softmax}_c$ 表示沿着 c 维度进行 softmax 归一化操作，$\mathbb{E}_c$ 和 $\mathbb{E}_{l=7..10}$ 分别表示沿着 c 和对选定的层进行平均池化操作得到更为紧凑全面的交叉注意力图。$\boldsymbol{M}$ 表示全面的交叉注意力图，也是关键点热图。在模型训练过程中，为了提取关键点提示并与图像的语义内容相关联的区域，收集了去噪器中特定层的上交叉注意力图。具体而言，采集了共计九层的上交叉注意力图，以便于进一步分析并识别出与图像语义内容紧密相连的关键区域。

（2）利用去噪器提取预测噪声过程中的图像特征，通过聚合网络聚合图像特征提取图片之间对应关系的方法具体包括如下步骤：将 U-Net 解码器层的残差块的输出作为提取的特征图，利用聚合网络，对特征图使用调优的瓶颈层进行标准化，并按照学习到的混合权重对它们进行求和。具体来说，对于给定的特征图 $\boldsymbol{F}$，将其上采样到标准分辨率 64×64 像素，通过瓶颈层 f 压缩到标准的通道数，并使用混合权重 $\boldsymbol{\omega}$ 对其进行加权，使得到的聚合特征不遗漏任何层和时间步长的信息。最终的扩散特征呈现为以下形式：

$$\boldsymbol{F} = \sum_{s}^{S} \sum_{l}^{L} \boldsymbol{\omega}_{l,s} \cdot f_l(\boldsymbol{F}_{l,s}) \tag{7.2}$$

其中，$\boldsymbol{F}$ 表示聚合特征图，L 表示层的总数，S 表示时间步长的总数。

（3）图像对提取的聚合特征，利用余弦相似度去找到图像 x_i 和 x_r 之间具有相同语义的对应点。提取语义对应关系的过程存在如下关系式：

$$\phi(\boldsymbol{p}_i)_{\to r} = \underset{p_r}{\operatorname{argmax}} S(\boldsymbol{F}_i[\boldsymbol{p}_i], \boldsymbol{F}_r[\boldsymbol{p}_r]) \tag{7.3}$$

其中，$\phi(\boldsymbol{p}_i)_{\to r}$ 表示语义对应操作给定图像 x_i 的点 $\boldsymbol{p}_i$ 找到图像 x_r 的对应点 $\boldsymbol{p}_r$，$\boldsymbol{F}_i$ 和 $\boldsymbol{F}_r$ 是从语义对应关系中的两张图像提取出来的聚合特征，$\boldsymbol{p}_i$ 和 $\boldsymbol{p}_r$ 是这一对图像的点，$S(\cdot,\cdot)$ 表示计算余弦相似度操作，$\underset{\boldsymbol{p}_r}{\operatorname{argmax}}$ 表示取余弦相似度最高点的操作。

7.3.3 从基础类别中优化关键点提示和聚合网络

对于图像类别属于基础类别的图像，本方法采用以下步骤优化关键点提示和聚合网络：①使用均方误差损失作为基础类别图像关键点热图预测的损失函数。②将预测的关键点热图和真实的关键点热图进行匹配，使训练过程中图像的预测关键点和真实关键点的语义信息能相互对应。③利用匹配好的预测关键点热图和真实关键点热图构建均方误差损失函数去优化关键点提示。所以基础类别图像匹配损失函数有如下关系式：

$$\mathcal{L}_{BP} = \frac{1}{K} \sum_{k}^{K} \|\boldsymbol{M}_i[\delta(k)] - \boldsymbol{M}_i^*[k]\|^2 + \|\boldsymbol{M}_r[\delta(k)] - \boldsymbol{M}_r^*[k]\|^2 \tag{7.4}$$

其中，$\boldsymbol{M}_i^*[k]$ 表示第 k 个真实热图，$\delta(\cdot)$ 表示匹配函数，$M_i[\delta(k)]$ 表示与真实热图相匹配的热图。

进一步，将图像对的聚合特征和真实标签构建对称交叉熵损失函数去优化聚合网络，基础类别图像聚合网络优化函数有如下关系式：

$$\mathcal{L}_{BC} = \frac{1}{2}\eta(S(\boldsymbol{F}_i,\boldsymbol{F}_r)[I_i],I_r) + \eta(S(\boldsymbol{F}_r,\boldsymbol{F}_i)I_r],I_i) \tag{7.5}$$

其中，$\eta(\cdot,\cdot)$ 表示交叉熵函数，$S(\cdot,\cdot)$ 表示余弦相似度操作，$\boldsymbol{F}_r$ 和 $\boldsymbol{F}_i$ 是基础类别图像的图像对的聚合特征，I_i 和 I_r 是真实坐标点的映射索引。

7.3.4 将学习到的提示和语义对应关系迁移到新类别

为了帮助新类别的关键点学习，本方法利用图像提取的聚合图像特征找到语义对应关系，并将图像对互相的对应点转化为伪标签关键点热图。具体来说，本方法取图像对 $\boldsymbol{x}_i$ 和 $\boldsymbol{x}_r$ 的关键点热图 $\boldsymbol{M}_i$ 和 $\boldsymbol{M}_r$ 的最大值坐标和最大值作为预测的关键点坐标和可见度，如 $[\boldsymbol{P}_i;\boldsymbol{V}_i] \in \mathbb{R}^{N\times(2+1)}$。利用聚合网络 $\phi(\cdot)$ 实现图像 x_i 在 $\boldsymbol{x}_r$ 的对应点，获得伪标签点 $\widetilde{\boldsymbol{P}_r} \in \mathbb{R}^{N\times2}$，可表示为 $\widetilde{\boldsymbol{P}_r} = \phi(\boldsymbol{P}_i)_{\to r}$。以同样的方式获得伪标签点 $\widetilde{\boldsymbol{P}_i} \in \mathbb{R}^{N\times2}$，在此训练过程中输入图像对 $\boldsymbol{x}_i$ 和 $\boldsymbol{x}_r$，使用聚合图像特征的语义对应功能，得到同一图像上的预测关键点热图和伪标签点。将伪标签点转化为高斯图形式，使两者接近，这样就能使在基础类别图像的有标注数据上利用预训练的扩散模型学习到的知识有效迁移到新类别图像。同时，利用伪标签关键点热图和预测的关键点热图构建均方误差损失。新类别图像一致性损失函数有如下关系：

$$\mathcal{L}_{NC} = \sum_{n}^{N} \boldsymbol{V}_r[n] \cdot \|\boldsymbol{M}_i[n] - \mathcal{M}(\widetilde{\boldsymbol{P}_i}[n])\|^2 + \boldsymbol{V}_i[n] \cdot \|\boldsymbol{M}_r[n] - \mathcal{M}(\widetilde{\boldsymbol{P}_r}[n])\|^2 \tag{7.6}$$

其中，$\boldsymbol{V}_r[n]$ 表示的是第 n 个关键点热图 $\boldsymbol{M}_r[n]$ 的可见度作为置信度，可见度更高，更有效的关键点在语义对应中起更大作用。并且，$\mathcal{M}(\cdot)$ 表示的是将关键点转换为高斯图的操作，可表示为如下关系式：

$$G_n = \exp\left(-\frac{\|\text{corrd} - l_n\|_2^2}{2\sigma^2}\right) \tag{7.7}$$

其中，corrd 表示生成的图像坐标张量。具体来说，根据需要生成高斯图像大小，利用 meshgrid 标准库函数生成维度为 [64,64,2] 的图像坐标，高斯图高宽大小设置为 64 是为了和提取的关键点热图大小相兼容，l_n 表示预测关键点热图的最大值坐标，σ 表示生成的高斯图所需的参数。

因为新类别图像是无标注数据，本方法采用一致性损失和定位损失作为新类别图像关键点热图预测的损失函数，补充对新类别图像的无监督学习。其中定位损失是使预测关键点热图去逼近高斯分布，一致性损失则是确保模型注意力机制的几何不变性，总体损失函数可以表示为如下关系式：

$$\mathcal{L}_{NU} = \mathbb{E}_n \| \boldsymbol{\Gamma}^{-1}(\hat{\boldsymbol{M}}_n) - \boldsymbol{M}_n \|^2 + \| B_n - G_n \|^2 \tag{7.8}$$

其中，$\boldsymbol{\Gamma}(\cdot)$ 代表的是可逆的图像几何变换操作，具体设置为一定范围内的仿射变换，如随机旋转图像角度 $\pm 15°$。此外，$\boldsymbol{M}_n$ 表示关键点热图，$\hat{\boldsymbol{M}}_n$ 表示图像经过可逆变换操作后的关键点热图，B_n 表示关键点热图进行 softmax 操作得到的概率图，G_n 表示根据概率图最大值位置生成的高斯图，和新类别图像一致性损失的操作相似。

7.3.5 模型训练和测试

本方法对上述损失多任务训练的动态权重分配，存在如下关系式：

$$\mathcal{L}_{\mathrm{FULL}} = \boldsymbol{I}_{x_i \in \mathcal{B}} \cdot (\mathcal{L}_{BP} + \alpha \cdot \mathcal{L}_{BC}) + \mathbf{1}_{x_i \in \mathcal{N}} \cdot (\beta \cdot \mathcal{L}_{NC} + \gamma \cdot \mathcal{L}_{NU}) \tag{7.9}$$

其中，$I_{(\cdot)}$ 表示指示函数，判断图像属于基础类别还是新类别，如果是基础类别图像对采用匹配损失和交叉熵损失去分别优化关键点提示和聚合网络，是新类别图像对则采用一致性损失和无监督损失进行关键点热图的学习，α、β、γ 是进行权衡的超参数，实验分别设置为 0.1、0.1、0.5。通过更新权重和学习参数来最小化损失以提高预测关键点热图和语义对应的准确性。

在所述步骤中，本方法冻结了预训练扩散模型的参数，仅对关键点提示和聚合网络进行优化，以利用扩散模型所蕴含的丰富知识，并通过实施两项任务的联合学习策略：①在具有标注数据的基础类别图像上进行训练，以学习定位关键点的关键点提示以及能够聚合图像特征的聚合网络。在此过程中，关键点提示的训练旨在识别和定位图像中的关键区域，而聚合网络的训练则致力于整合图像的上下文信息，从而增强语义对应模块的语义相关性。②将上述有监督学习获得的知识迁移至新类别图像辅助关键点提示的学习。通过这种方式，能够在标注数据有限且参数更新较少的情况下，达到良好的性能表现，从而实现知识迁移与模型更新的有效结合。

在测试阶段，用之前步骤学习到的关键点提示（E）去预测新类别图像测试图像的关键点即可，保证模型的泛化性。

7.4　在 MP-100 大型数据集上的实验分析

7.4.1　数据配置和实验设置

总体上，本章遵循相关工作的实验设置，并根据相关工作设置预训练扩散模型。具体来说，实验是在 MP-100 数据集上进行的，它涵盖了 8 个超类，是最大的相关基准数据集。遵循 MP-100 中数据集的分割，即所有类别被分成不重叠的训练、验证和测试集，比例为 70∶10∶20，选取 5 个随机分割以减少随机性的影响。值得注意的是，MP-100 数据集中的默认顺序，例如，第一个关键点总是对应于左眼。然而，这样的顺序要求类别注释具有相关的知识，这严重限制了跨类别的扩展。此外，模型可能会通过过拟合这样不切实际的关系来学习从基础类别到新类别的迁移。因此，通过打乱获得独立顺序，这有更少的限制，因此更实用。

考虑到实验设置当中从未使用过新类别图像的真实标签，采用类似文献基于匹配算法的评估方法进行评估，由于未匹配的关键点会降低召回率，所以采用精度均值（AP）作为评估指标。利用关键点热图的最大值作为可见度，将预测的关键点和可见度与真实标签的关键点可见度进行精度均值计算的过程存在如下关系式：

$$C_{n,k}=\sum_{i}\boldsymbol{V}_i^*[k]\cdot\boldsymbol{1}_{(|\boldsymbol{P}_i[n]-\boldsymbol{P}_i^*[k]|<T_p)}\cdot\boldsymbol{1}_{(\boldsymbol{V}_i[n]>T_v)}\tag{7.10}$$

其中，$[\boldsymbol{P}_i^*;\boldsymbol{V}_i^*]\in\mathbb{R}^{K\times(2+1)}$ 表示真实标签的关键点和可见度，$[\boldsymbol{P}_i;\boldsymbol{V}_i]\in\mathbb{R}^{N\times(2+1)}$ 表示预测的关键点和可见度，$\boldsymbol{1}_{(\cdot)}$ 表示指示函数，T_p 是指定关键点正确百分比 PCKs 的距离阈值，T_v 是指计算平均精度的分数阈值。最后，通过平均所有类别的精度均值获得对新类别图像姿态估计精度的总体性指标，如 mAP。

7.4.2　与现有工作的比较

有相关方法可从受限的数据中学习关键点，因此本节挑选有代表性的方法作为比较试验的基准线，其中包括 Sim. Base.、GroupPose、He et al.、Hedlin et al. 和 MetaPoint。具体来说，Sim. Base.、He et al.、Hedlin et al. 会直接预测补全的真实关键点的热图。MetaPoint 则会基于匹配监督学习潜在关键点。本节实验会针对基础类别有标注图像使用有监督的热图损失或者坐标损失，并用无监督损失来补全我们提出的方法（如在 Hedlin et al. 中的不变性损失和定位损失）。同时，也会用基础类别和新类别的所有带标注图像去训练本章的模型，并命名为 Oracle * 作为一个基准线来展示模型的性能上限。

本章为定量比较设置了两种场景：第一种是每个基础类别有 3 张有标注图像可用；第二种是每个新类别有额外的 30 张无标注图像可用。如表 7.1 所示，可以发现提出的方法的性能在两种场景都显著高于其他基准线。尽管 Hedlin 可以利用预训练的扩散模型，但因为无法自适应地学习可迁移的关键点提示导致只实现了不令人满意的表现结果。MetaPoint 可以学习可迁移的关键点，但需要大量的有标注图像用于训练。相比之下，本章的模型能从扩散模型自适应地学习关键点提示和语义对应关系，展现出更好的表现，此外，在每个基础类别只有 3 张图像的情况下，模型甚至可以达到性能上限的 75%。总的来说，本章提出的模型在两种场景的不同数据集划分上具有相对稳健的 mAPs。

表 7.1　与现有工作的比较

方法	3 基础类别图片+0 新类别图片						3 基础类别图片+30 新类别图片					
	S1	**S2**	**S3**	**S4**	**S5**	**AVG**	**S1**	**S2**	**S3**	**S4**	**S5**	**AVG**
Sim. Base.	9.2	5.4	7.0	6.3	6.6	6.9	14.4	12.9	13.3	13.1	14.2	13.6
GroupPose	11.3	9.7	10.5	10.1	11.7	10.7	17.4	16.7	17.0	15.9	18.2	17.0
He et al.	12.5	9.4	11.2	11.1	13.4	11.5	18.3	16.2	18.6	17.8	19.5	18.1
Hedlin et al.	18.6	14.8	16.8	16.0	16.3	16.5	27.0	22.1	23.5	22.1	24.1	23.8
MetaPoint	27.1	25.5	24.1	20.2	28.9	25.2	31.5	36.2	30.1	26.8	36.9	32.3
Ours	**60.2**	**47.4**	**52.1**	**48.7**	**49.6**	**51.6**	**70.4**	**61.3**	**60.7**	**61.7**	**58.9**	**62.6**
Oracle *	74.4	69.5	67.2	63.8	66.2	68.2	86.1	78.3	72.8	69.6	76.0	76.6

对于可视化比较，本节试验选择最具竞争力的方法作为比较基准线（即 MetaPoint）。如图 7.4 所示，在阈值 T_v 为 0.5 时，第 4、6 列子图的右下角显示了匹配关键点的 F1 分数。总体来说，本模型定位的关键点可以更好地拟合新类别的对象结构。此外，本章所提出模型的定位关键点在图像之间保持了更好的语义一致性，这也是姿态估计的基本要求。因此，本章所提出的方法可以在极其有限的数据下学习到更好的关键点。

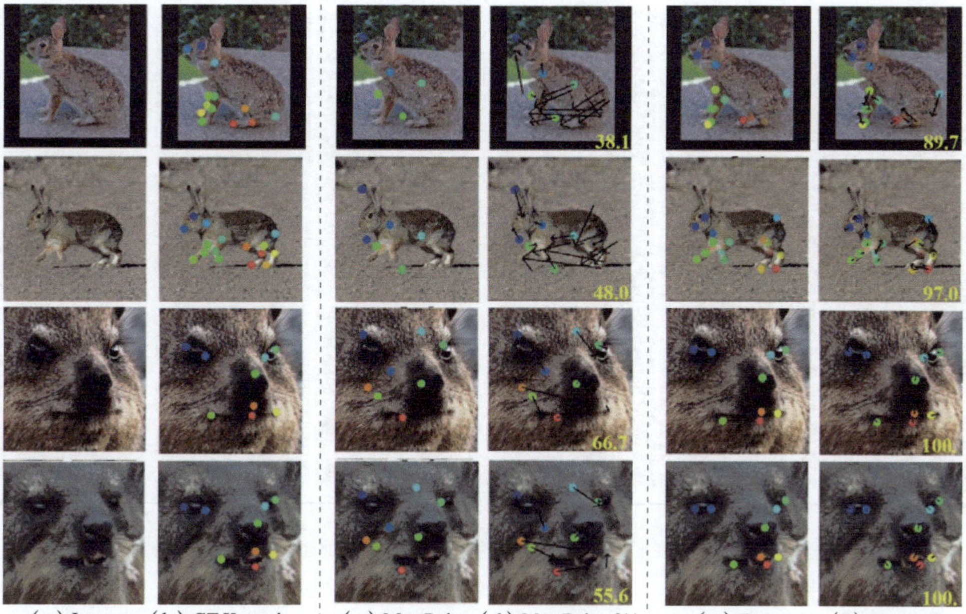

图 7.4　与最有竞争力的基准线的定性比较

7.4.3　关键点的迁移性分析

关键点的可迁移性是本章的一个基本问题，所以本节在图 7.5 所示的可视化中清楚地显示了答案。该可视化先统计了预测的关键点的可见度（通过关键点热图的最大值），并选择前 3 个常见的关键点热图进行可视化。注意，在基础类别中没有任何注释约束了关键点，更不用说新类别了。可以看到，本章提出的模型可自适应地从基础类别中学习通用关键点，也可以正确地将它们迁移到新类别中。如图 7.5 第一行所示，由第 120 个提示定位的关键点“脚”能很好地在车、动物、家具类之间进行迁移。

7.4.4　关键点的分布范围分析

关键点热图的最大值自然地表示关键点的可见性，并抑制不可见的关键点。所以，本节实验通过一个标量 s 强制缩放它们，以揭示更多的潜在关键点。通过图 7.6 中的可视化，可以看到潜在的关键点随着标量变化是如何分布的。总的来说，潜在的关键点似乎分布在对象的有意义的部分上。例如，可以在第一行的狮子耳朵周围看到更合理的关键点。

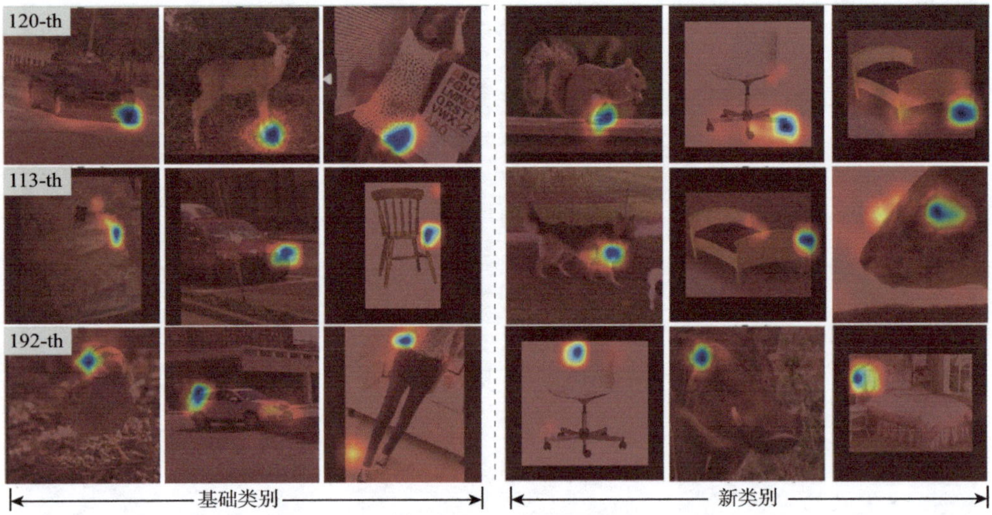

图 7.5　前 3 个最常见的关键点在不同类别上的可视化

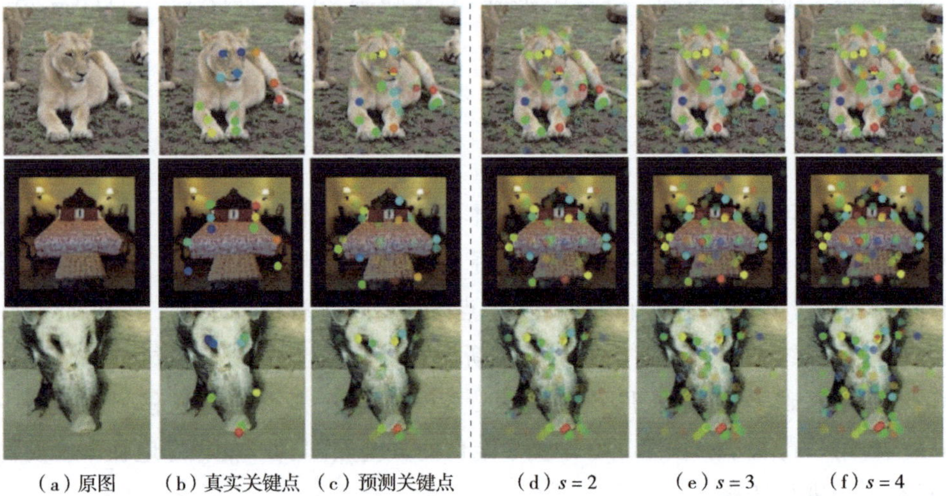

图 7.6　通过标量 s 缩放关键点热图揭示更多潜在关键点

7.4.5　语义关联的迁移性分析

本章所提出方法利用可迁移的语义关联关系为新类别的无监督学习提供了有益的正则化。所以，本节可视化根据 x_i 上的真实关键点和从 x_r 到 x_i 语义对应的关键点来计算它们的 PCKs，见表 7.2。基础类别的 PCKs 已经足够高，而新类别的 PCKs 也相对令人满意，所以表明迁移的语义对应关系可以提供有效的正则化。

表 7.2　在 5 个数据集划分上对基础类别和新类别评估的语义对应 PCKs

种类范围	S1	S2	S3	S4	S5
Base	89.1	94.0	93.3	94.8	93.5
Novel	73.5	74.8	69.8	69.9	71.2

7.4.6　使用超类作为新类别的分析

本节实验探究基础类别和新类别之间的分布差距如何影响着跨类别迁移学习。同相关工作的做法一致，本节分别使用 4 个超类（即人体、人脸、家具和车辆）中的一个作为新类别，并使用其他类别作为基础类别进行研究，见表 7.3。在这种具有挑战性的分布下，本章的模型显著优于所有可比的基准线（例如，在人体类上的性能比 MetaPoint 高了 21.4%），这表明本章提出的模型对类别分布变化更稳健。

表 7.3　超类数据集划分的实验结果

方法	Body	Face	Fur.	Veh.
He et al.	18.5	16.1	8.8	7.8
MetaPoint	47.9	22.1	35.6	16.6
本章方法	**69.3**	**32.7**	**46.2**	**29.4**
Oracle*	78.4	53.7	77.3	43.2

7.4.7　使用更少基础类别的分析

理想的方法能从更少数量的基础类别中学习，并推广到更多数量的新类别。本小节的实验以 S5 为基础，逐步将 10 个随机基础类别移动到新类别中，从而得到 S6/7/8（S8 的分布比例为 40∶50）。如表 7.4 所示，由于基本类别的数量变少，所有方法的性能表现都有所下降，但本章提出的模型依然达到了最优性能，显示了模型的鲁棒性。

表 7.4　用更少基础类别种类的数据集划分的实验结果表

方法名	S5	S6	S7	S8
He et al.	24.1	18.7	15.5	12.6
MetaPoint	36.9	36.1	33.8	31.8
Ours	**58.9**	**51.2**	**48.4**	**44.2**
Oracle*	76.0	73.3	73.2	73.7

7.4.8 基础类别和新类别图像数量对模型性能的影响

类似地，另一个关键问题是本模型在数据极端有限情况下的性能。在表 7.5 中，本小节取不同数量的基础类别标注图像，而没有任何来自新类别的图像。当每个基础类别只有 1 张注释图像时，本模型能够在新类别上达到令人满意的效果，且能达到性能上限的 80%。

表 7.5 用不同数量的基础类别标注图像的实验结果

方法名	1	2	3	5	10
He et al.	15.4	16.8	18.6	25.9	30.0
MetaPoint	21.3	26.0	27.1	32.9	40.3
Ours	**43.8**	**56.8**	**60.2**	**61.3**	**65.8**
Oracle *	55.3	70.6	74.4	76.4	81.5

此外，本节实验在表 7.6 中随机取不同数量的新类别无标注图像和 3 张基础类别图像。当更多的图像可用时，模型的性能就会显著提高。但实验的结果似乎逐渐趋于饱和，这可能是因为基础类别和新类别之间图像数量的不平衡加剧所致。

表 7.6 用不同数量的新类别无标注图像的实验结果

方法名	0	15	30	45	60
He et al.	18.6	24.7	27.0	29.0	29.5
MetaPoint	27.1	28.7	31.5	32.7	33.6
Ours	**60.2**	**66.2**	**70.4**	**71.5**	**72.2**
Oracle *	74.4	82.2	86.1	87.5	88.6

7.4.9 消融实验分析

为了探究模型不同损失项对于性能的贡献，本小节实验评估了基础模型、$\mathcal{L}_{NC}$ 和 $\mathcal{L}_{NU}$ 的不同组合。如表 7.7 所示，应用无监督损失 $\mathcal{L}_{NU}$ 可以显著提高 mAP，表明使用未注释图像的原始收益。仅启用一致性损失 $\mathcal{L}_{NU}$ 就可以更显著地提升性能。在使用了这两个损失项后，本方法获得了最好的结果。因此，本章提出的各个损失项是有效的和互补的。

表 7.7　消融实验性能结果表

Basic	$\mathcal{L}_{NU}$	$\mathcal{L}_{NC}$	Split1
√			60.2
√	√		65.8
√		√	67.5
√	√	√	70.4

小　　结

本章探索了数据受限情况下的极小样本姿态估计，致力于在基础类别有限带标注数据的支持下，从未标注的数据上学习关键点。为此，本章提出了一个紧凑的框架，可利用预训练的扩散模型进行数据限制的姿态估计。具体来说，本模型可自适应地从基础类别中学习关键点提示和语义对应关系，并将它们迁移到新类别去学习有效的关键点。并且，本章在 MP-100 数据集上进行了全面的实验，充分验证了本模型的有效性。

第 8 章 迁移学习和计算机视觉方法总结与未来展望

8.1 迁移学习和计算机视觉方法总结

计算机视觉作为人工智能领域中的核心问题之一，有着至关重要的研究和应用价值。然而，计算机视觉面临着带精细标注的训练数据匮乏以及完整的测试数据难获取这两个瓶颈问题。本书基于迁移学习技术对这两个瓶颈问题进行深入研究，以图像分类、语义分割和姿态估计这些具有代表性的视觉任务，提出了具有创新性和实用性的模型方法，并进行了一系列实验来充分验证所提出模型算法的有效性。

总体上，本书对深度学习模型在训练阶段的标注数据瓶颈问题和测试阶段的完整数据瓶颈问题做了深入研究，并以图像分类和语义分割这两个有广泛代表性的视觉任务为例，提出了具有创新性和实用性的基于迁移学习技术的模型方法，并在多个大型数据集上进行了充分验证实验。所以，本书为降低深度学习模型对于新种类的标注成本以及提升深度学习模型的应用空间做出了具有实际意义的贡献。

8.2 遗留问题与未来研究的内容展望

本书致力于缓解计算机视觉技术和深度学习技术中广泛存在的数据短缺问题。具体来说，该数据短缺问题可以分为训练阶段和测试阶段两个情景。对于训练阶段的数据瓶颈问题，本书主要侧重于缓解深度学习模型覆盖更多新种类时需要大量带精细标注的问题。对于测试阶段的数据瓶颈问题，本书主要侧重于缓解深度学习模型需要关于输入样本的完整数据的问题。本书针对上述问题都提出了有实际应用价值的学习模式以及具有创新性的模型算法，并在一系列实验上取得了显著成果。所以，本书工作的未来展望可以分为关于学习模式和模型算法两部分。

8.2.1　关于学习模式的展望

本书在绪论章节介绍了零样本学习和小样本学习这两种学习模式，在第 3 章和第 4 章介绍了本书所提出的弱样本学习模式。这三种学习模式致力于缓解深度学习模式从基础种类的带精细标注的数据中学习通用知识，并以此为基础从标注成本更低的训练数据中学习关于新类别的知识。虽然零样本学习和小样本学习都取得了巨大成就，也有着广泛影响力，但它们仍然有着严重的缺点和局限。虽然本书提出的弱样本学习能在一定程度上避免零样本学习和小样本学习的缺陷，但弱样本学习仍需要更完善的体系和持续的建设。本书将从以下几方面进行未来研究的展望。

（1）关于学习模式的应用范围，目前零样本学习和小样本学习已在广泛的机器学习任务上进行过探究和应用，而弱样本学习目前只在少数具有代表性的视觉任务上进行过应用，如分类、检测、分割。所以，在未来的研究工作中，希望将弱样本学习应用于更为广泛的任务中，在更为广阔的领域中更充分地验证和展现该学习模式的价值和实用性，从而为缓解深度学习模型对于新种类的带精细标注数据的瓶颈问题做出更进一步的贡献。

（2）关于学习模式的应用价值，目前零样本学习、小样本学习、弱样本学习都只在较小规模的数据集上进行验证和实验，并且基础种类和新种类的数量之比较高，并未在更具有挑战性的情景下展现出具有实际性的应用价值。关于零样本学习和小样本学习的研究已经较为充分，但两者的应用场景却仍停留在小数据集和高类别比的情况下，这可能是由于两个学习模式中新种类的信息易有模糊性和误导性。而在弱样本学习中，新种类有着更高质量的信息。所以，在未来的研究工作中，希望将弱样本学习应用于更具有挑战性的任务中，例如在五千类的超大数据集或者类别比小于一的情况之中，从而进一步展现出弱样本学习更高的应用价值。

（3）关于学习模式之间的量化比较，目前零样本学习、小样本学习、弱样本学习都致力于使用更为廉价的数据来学习新种类，但三者之间的性价比并未明确以及量化比较思路尚未明确。例如，有一笔预算，也想要学习新种类，应该选择为新种类去标注一些语义描述，或应该选择为新种类精细标注少量样本？还是应该选择为新种类收集大量弱样本？所以，在未来的研究工作中，希望充分探究和衡量各个学习模式之间的成本与收益，为在实际应用情景中以性价比更高的方式来学习新种类做出进一步的贡献。

8.2.2 关于模型算法的展望

本书所提出的模型算法都基于迁移学习技术，其中，第 3 章中提出了基于相似度迁移的算法，第 4 章提出了基于相似度迁移的分割算法，第 5 章中提出了基于双重注意力迁移的模型算法。迁移载体的选择能够直接决定模型算法的最终性能和应用范围，其中“语义相似度”“模型特征”“模型注意力”“模型参数”“模型预测值”等都是常用的迁移载体。在本书的情景和实验中，本书发现相似度迁移能较好地应对跨类别迁移的情景，注意力迁移能较好地应对跨模态迁移的情景。所以，在未来的研究工作中，希望发掘具有更高可迁移性、泛化性、鲁棒性的迁移载体，从而为广泛的基于迁移学习技术的模型算法的进一步提升做出具有实际性的贡献。

参考文献

[1] LECUN Y, BENGIO Y, HINTON G. Deep learning[J]. Nature, 2015, 521(7553): 436-444.

[2] KHEMCHANDANI R, CHANDRA S. Twin support vector machines for pattern classification[J]. IEEE Transactions on pattern analysis and machine intelligence, 2007, 29(5): 905-910.

[3] GOODFELLOW I, BENGIOY, COURVILLE A. Deep learning[M]. Cambridge: MIT press, 2016.

[4] YAN J B, FANG Y M, DU R G, et al. No reference quality assessment for 3D synthesized views by local structure variation and global naturalness change[J]. IEEE Transactions on Image Processing, 2020, 29: 7443-7453.

[5] SHEIKH H, SABIR M, BOVIK A C. A statistical evaluation of recent full reference image quality assessment algorithms[J]. IEEE Transactions on Image Processing, 2006, 15(11): 3440-3451.

[6] PAN S J, YANG Q. A survey on transfer learning[J]. IEEE Transactions on Knowledge and Data Engineering, 2010, 22(10): 1345-1359.

[7] WEISS K, KHOSHGOFTAART M, WANG D. A survey of transfer learning[J]. Journal of Big Data, 2016, 3(1): 1-40.

[8] ZHUANG F Z, QI Z Y, DUAN K Y, et al. A comprehensive survey on transfer learning[J]. Proceedings of the IEEE, 2021, 109(1): 43-76.

[9] WANG M, DENG W H. Deep visual domain adaptation: A survey[J]. Neurocomputing, 2018, 312(27): 135-153.

[10] WILSON G, COOK D J. A survey of unsupervised deep domain adapta- tion[J]. ACM Transactions on Intelligent Systems and Technology, 2020, 11(5): 1-46.

[11] SUN S L, SHI H L, WU B Y. A survey of multi-source domain adaptation[J]. Information Fusion, 2015,24: 84-92.

[12] PARK J, SESHADRINATHAN K, LEE S. Video quality pooling adaptive to

perceptual distortion severity[J]. IEEE Transactions on Image Processing, 2012, 22(2): 610-620.

[13] GOU J, YU B, MAYBANK S J, et al. Knowledge distillation: A survey[J]. International Journal of Computer Vision, 2021, 129(6): 1789-1819.

[14] WANG L, YOON KJ. Knowledge distillation and student-teacher learning for visual intelligence: A review and new outlooks[J]. IEEE Transactions on pattern Analysis and Machine Intelligence, 2021, 44(6): 3048-3068.

[15] CAO Y, CHEN Y, KHOSLA D. Spiking deep convolutional neural networks for energy-efficient object recognition[J]. International Journal of Computer Vision, 2015, 113: 54-66.

[16] CARUANAR. Multitask learning[J]. Machine Learning, 1997, 28(1): 41- 75.

[17] ZHANG Y, YANG Q. A survey on multi-task learning[J]. IEEE Transac- tions on Knowledge and Data Engineering, 2021, 34(12): 5586-5609.

[18] ZHANG Y, YANG Q. An overview of multi-task learning[J]. National Science Review, 2018, 5(1): 30-43.

[19] VANDENHENDES, GEORGOULIS S, VAN GANSBEKEW, et al. Multi- task learning for dense prediction tasks: A survey[J]. IEEE Transactions on pattern Analysis and Machine Intelligence, 2021, 44(7): 3614-3633.

[20] DE LANGE M, ALJUNDI R, MASANA M, et al. A continual learning survey: Defying forgetting in classification tasks[J]. IEEE Transactions on Pattern Analysis and Machine Intelligence, 2021, 44(7): 3366-3385.

[21] MAI Z, LI R, JEONG J, et al. Online continual learning in image classifi-cation: An empirical survey[J]. Neurocomputing, 2022, 469: 28-51.

[22] HADSELL R, RAO D, RUSU A A, et al. Embracing change: continual learning in deep neural networks[J]. Trends in cognitive Sciences, 2020, 24(12): 1028-1040.

[23] WANG W, ZHENG V W, YU H, et al. A survey of zero-shot learning: Settings, methods, and applications[J]. AcM Transactions on Intelligent Systems and Technology, 2019, 10(2): 1-37.

[24] OKSUZ K, CAM B C, KALKAN S, et al. Imbalance problems in object detection: A review[J]. IEEE transactions on pattern analysis and machine intelligence, 2020, 43(10): 3388-3415.

[25] SUN X, GU J, SUN H. Research progress of zero-shot learning[J]. Applied Intelligence, 2021, 51(6): 3600-3614.

[26] WANG Y, YAO Q, KWOK J T, et al. Generalizing from a few examples: A survey on few-shot learning[J]. AcM computing Surveys, 2020, 53(3): 1-34.
[27] REN S, HE K, GIRSHICK R, et al. Faster R-CNN: Towards real-time object detection with region proposal networks[J]. IEEE transactions on pattern analysis and machine intelligence, 2016, 39(6): 1137-1149.
[28] LUD, WENGQ. Asurvey of image classification methods and techniques for improving classification performance [J]. International Journal of Re- mote Sensing, 2007, 28(5): 823-870.
[29] LI J, KRASULA L, BAVEYE Y, et al. AccAnn: A new subjective assessment methodology for measuring acceptability and annoyance of quality of experience [J]. IEEE Transactions on Multimedia, 2019, 21(10): 2589-2602.
[30] WANG W, YANG Y, WANG x, et al. Development of convolutional neu- ral network and its application in image classification: a survey [J]. Optical Engineering, 2019, 58(4): 040901.
[31] PENG H, LI B, LING H, et al. Salient object detection via structured matrix decomposition[J]. IEEE transactions on pattern analysis and machine intelligence, 2016, 39(4): 818-832.
[32] LIU L, OUYANG W, WANG x, et al. Deep learning for generic object detection: A survey[J]. International Journal of computer Vision, 2020, 128(2): 261-318.
[33] JIAO L, ZHANG F, LIU F, et al. A survey of deep learning-based object detection[J]. IEEE Access, 2019, 7: 128837-128868.
[34] TANG P, WANG C, WANG X, et al. Object detection in videos by high quality object linking[J]. IEEE transactions on pattern analysis and machine intelligence, 2019, 42(5): 1272-1278.
[35] HAO S, ZHOU Y, GUO Y. A brief survey on semantic segmentation with deep learning[J]. Neurocomputing, 2020(406): 302-321.
[36] LATEEF F, RUIcHEK Y. Survey on semantic segmentation using deep learning techniques[J]. Neurocomputing, 2019(338): 321-348.
[37] HAFIZA M, BHAT G M. A survey on instance segmentation: state of the art[J]. International Journal of Multimedia Information Retrieval, 2020, 9(3): 171-189.
[38] WANG W, SHEN J, SHAO L. Video salient object detection via fully convolutional networks[J]. IEEE Transactions on Image Processing, 2017, 27(1): 38-49.
[39] MINAEE S, BOYKOV YY, PORIKLI F, et al. Image segmentation using deep learning: A survey [J]. IEEE Transactions on Pattern Analysis and Machine

Intelligence, 2021, 44(7): 3523-3542.

[40] REN S, HE K, Girshick R, et al. Object detection networks on convolutional feature maps[J]. IEEE transactions on pattern analysis and machine intelligence, 2016, 39(7): 1476-1481.

[41] LUO W, xING J, MILAN A, et al. Multiple object tracking: A literature review [J]. Artificial Intelligence, 2021(293): 103448.

[42] CIAPARRONE G, SANCHEZ FL, TABIKS, et al. Deep learning in video multi-object tracking: A survey[J]. Neurocomputing, 2020(381): 61-88.

[43] YE M, SHEN J, LIN G, et al. Deep learning for person re-identification: A survey and outlook [J]. IEEE Transactions on Pattern Analysis and Ma- chine Intelligence, 2021, 44(6): 2872-2893.

[44] WU D, ZHENG SJ, ZHANG X P, et al. Deep learning-based methods for person re-identification: Acomprehensive review[J]. Neurocomputing, 2019(337): 354-371.

[45] GRETTON A, SMOLA A, HUANG J, et al. Covariate shift by kernel mean matching[J]. Dataset Shift in Machine Learning, 2009, 3(4): 5.

[46] AHONEN T. HADID A. PIETIKAINEN, M. Face description with local binary patterns: Application to face recognition [J]. IEEE Transactions on Pattern Analysis and Machine Intelligence, 2006, 28(23): 2037-2041.

[47] PAN S J, TSANG I W, KWOK J T, et al. Domain adaptation via trans- fer component analysis[J]. IEEE Transactions on Neural Networks, 2010, 22(2): 199-210.

[48] KOENDERINK J J, DOORN A J. Representation of local geometry in the visual system[J]. Biological Cybernetics, 1987, 55(6): 367-375.

[49] FANG Y, ZENG Y, JIANG W, et al. Superpixel-based quality assessment of multi-exposure image fusion for both static and dynamic scenes [J]. IEEE Transactions on Image Processing, 2021(30): 2526-2537.

[50] OUYANG W, ZENG X, WANG X, et al. DeepID-Net: Object detection with deformable part based convolutional neural networks[J]. IEEE Transactions on Pattern Analysis and Machine Intelligence, 2016, 39(7): 1320-1334.

[51] BAO W, WANG W, XU Y, et al. InStereo2K: A large real dataset for stereo matching in indoor scenes[J]. Science China Information Sciences, 2020, 63 (11): 1-11.

[52] WANG Z, SIMONCELLI E P. Maximum differentiation (MAD) competition: A

methodology of comparing computational models of perceptual quantities [J]. Journal of Vision, 2008, 8(12): 8-8.

[53] LI D, JIANG T, JIANG M. Unified quality assessment of in-the-wild videos with mixed datasets training[J]. International Journal of Computer Vision, 2021, 129(4): 1238-1257.

[54] WANG L, XIONG Y, WANG Z, et al. Temporal segment networks for action recognition in videos [J]. IEEE Transactions on Pattern Analysis and Machine Intelligence, 2018, 41(11): 2740-2755.

[55] GANIN Y, USTINOVAE, AJAKAN H, et al. Domain-adversarial training of neural networks [J]. The Journal of Machine Learning Research, 2016, 17 (1): 2096-2030.

[56] MA K, LIU W, LIU T, et al. dipIQ: Blind image quality assessment by learning-to-rank discriminable image pairs [J]. IEEE Transactions on Image Processing, 2017, 26(8): 3951-3964.

[57] ZHANG W, MA K, ZHAI G, et al. Uncertainty-aware blind image quality assessment in the laboratory and wild[J]. IEEE Transactions on Image Processing, 2021, 30: 3471-3486.

[58] MITTAL A, SAAD M A, BOVIK A C. A completely blind video integrity oracle [J]. IEEE Transactions on Image Processing, 2016, 25(1): 289-300.

[59] WANG Z, REHMAN A. Begin with the end in mind: A unified end-to-end quality-of-experience monitoring, optimization and management framework [J]. SMPTE Motion Imaging Journal, 2019, 128(2): 1-8.

[60] WANG L, WANG L, LU H, et al. Salient object detection with recurrent fully convolutional networks [J]. IEEE transactions on pattern analysis and machine intelligence, 2018, 41(7): 1734-1746.

[61] ZHAI G, MIN X. Perceptual image quality assessment: A survey[J]. Science China Information Sciences, 2020, 63(11): 211301.

[62] WANG Z. Applications of objective image quality assessment methods[J]. IEEE Signal Processing Magazine, 2011, 28(6): 137-142.

[63] WANG Z. Applications of objective image quality assessment methods[J]. IEEE Signal Processing Magazine, 2011, 28(6): 137-142.

[64] OREIFEJ O, LI X, SHAH M. Simultaneous video stabilization and moving object detection in turbulence [J]. IEEE transactions on pattern analysis and machine intelligence, 2012, 35(2): 450-462.

[65] FAN D P, LI T, LIN Z, et al. Re-thinking co-salient object detection[J]. IEEE transactions on pattern analysis and machine intelligence, 2021, 44(8): 4339-4354.

[66] LIU J, XU D, YANG W, et al. Benchmarking low-light image enhancement and beyond[J]. International Journal of Computer Vision, 2021, 129(4): 1153-1184.

[67] WANG Z, CHEN J, HOI, S. Deep learning for image super-resolution: A survey[J]. IEEE Transactions on Pattern Analysis and Machine Intelligence, 2021, 43(10): 3365-3387.

[68] MENSINK T, VERBEEK J, PERRONNIN F, et al. Distance-based image classification: Generalizing to new classes at near-zero cost[J]. IEEE Transactions on Pattern Analysis and Machine Intelligence, 2013, 35(11): 2624-2637.

[69] WANG Z, SIMONCELLI E P. Maximum differentiation (MAD) competition: A methodology for comparing computational models of perceptual discriminability[J]. Journal of Vision, 2008, 8(12): 1-13.

[70] WANG Z, LI QIANG. Information content weighting for perceptual image quality assessment[J]. IEEE Transactions on Image Processing, 2011, 20(5): 1185-1198.

[71] BENGIO Y, COURVILLE A, VINCENT P. Representation learning: A review and new perspectives[J]. IEEE Transactions on Pattern Analysis and Machine Intelligence, 2013, 35(8): 1798-1828.

[72] JIN L, WANG X, NIE X, et al. Grouping by center: Predicting centripetal offsets for the bottom-up human pose estimation[J]. IEEE Transactions on Multimedia, 2022, 25: 3364-3374.

[73] SHEIKH H R, BOVIK A C, DE V G. An information fidelity criterion for image quality assessment using natural scene statistics[J]. IEEE Transactions on Image Processing, 2005, 14(12): 2117-2128.

[74] LI Z, HOIEM D. Learning without forgetting[J]. IEEE Transactions on Pattern Analysis and Machine Intelligence, 2017, 40(12): 2935-2947.

[75] MITTAL A, MOORTHY A K, BOVIK, A C. No-reference image quality assessment in the spatial domain[J]. IEEE Transactions on Image Processing, 2012, 21(12): 4695-4708.

[76] VAPNIK V, VASHISTA. A new learning paradigm: Learning using privileged information[J]. Neural Networks, 2009, 22(5-6): 544-557.

[77] DING K, MA K, WANG S, et al. Image quality assessment: Unifying structure and texture similarity[J]. IEEE Transactions on Pattern Analysis and Machine Intelligence, 2022, 44(5): 2567-2581.

[78] JIN K H, MCCANN M T, FROUSTEY E, et al. Deep convolutional neural network for inverse problems in imaging [J]. IEEE transactions on image processing, 2017, 26(9): 4509-4522.

[79] DING K, MA K, WANG S, et al. Comparison of full-reference image quality models for optimization of image processing systems[J]. International Journal of Computer Vision, 2021, 129(4): 1258-1281.

[80] LAMPERT C H, NICKISCH H, HARMELING S. Attribute-based classification for zero-shot visual object categorization[J]. IEEE Transactions on Pattern Analysis and Machine Intelligence, 2013, 36(3): 453-465.

[81] SINNO Z, BOVIK A C. Large-scale study of perceptual video quality[J]. IEEE Transactions on Image Processing, 2019, 28(2): 612-627.

[82] GHADIYARAM G, BOVIK A C. Massive online crowdsourced study of subjective and objective picture quality[J]. IEEE Transactions on Image Processing, 2016, 25(1): 372-387.

[83] WANG Z, BOVIK A C, SHEIKH H R, et al. Image quality assessment: From error visibility to structural similarity[J]. IEEE Transactions on Image Processing, 2004, 13(4): 600-612.

[84] FAN D P, LI T, LIN Z, et al. Re-thinking co-salient object detection[J]. IEEE transactions on pattern analysis and machine intelligence, 2021, 44 (8): 4339-4354.

[85] FANG Y, CHEN Z, LIN W, et al. Saliency detection in the compressed domain for adaptive image retargeting[J]. IEEE Transactions on Image Processing, 2012, 21(9): 3888-3901.

[86] ZHOU G, YAN Y, WANG D, et al. A novel depth and color feature fusion framework for 6d object pose estimation[J]. IEEE Transactions on Multimedia, 2020, 23: 1630-1639.

[87] WANG Z, BOVIK A C. Mean squared error: Love it or leave it? A new look at signal fidelity measures[J]. IEEE Signal Processing Magazine, 2009, 26(1): 98-117.

[88] MAIRAL J, ELAD M, SAPIRO G. Sparse representation for color image restoration [J]. IEEE Transactions on image processing, 2007, 17(1): 53-69.

[89] WANG S, ZHENG J, HU H M, et al. Naturalness preserved enhancement algorithm for non-uniform illumination images[J]. IEEE transactions on image processing, 2013, 22(9): 3538-3548.

[90] HU Y, JACOB M. Higher degree total variation (HDTV) regularization for image recovery[J]. IEEE Transactions on Image Processing, 2012, 21(5): 2559-2571.

[91] ROSIN P L. Training cellular automata for image processing[J]. IEEE transactions on image processing, 2006, 15(7): 2076-2087.

[92] SATTAR F, FLOREBY L, SALOMONSSON G, et al. Image enhancement based on a nonlinear multiscale method[J]. IEEE transactions on image processing, 1997, 6(6): 888-895.

[93] FAN D P, JI G P, CHENG M M, et al. Concealed object detection[J]. IEEE transactions on pattern analysis and machine intelligence, 2021, 44(10): 6024-6042.

[94] LIU A, LIN W, NARWARIA M. Image quality assessment based on gradient similarity[J]. IEEE Transactions on Image Processing, 2012, 21(4): 1500-1512.

[95] WANG Q, CHEN K. Zero-shot visual recognition via bidirectional latent embedding[J]. International Journal of Computer Vision, 2017, 124(3): 356-383.

[96] LAPARRA V, BERARDINO A, BALLE J, et al. Perceptually optimized image rendering[J]. Journal of the Optical Society of America, 2017, 34(9): 1511-1525.

[97] WANG Z, BOVIK A C. Reduced- and no-reference image quality: The natural scene statistic model approach[J]. IEEE Signal Processing Magazine, 2011, 28(6): 29-40.

[98] PETROVIC V S, XYDEAS C S. Gradient-based multiresolution image fusion[J]. IEEE Transactions on Image processing, 2004, 13(2): 228-237.

[99] ZOU Z, CHEN K, SHI Z, et al. Object detection in 20 years: A survey[J]. Proceedings of the IEEE, 2023, 111(3): 257-276.

[100] ZHANG J, LIU M, SHEN D. Detecting anatomical landmarks from limited medical imaging data using two-stage task-oriented deep neural networks[J]. IEEE Transactions on Image Processing, 2017, 26(10): 4753-4764.

[101] FANG Y, YAN J, LI L, et al. No reference quality assessment for screen content images with both local and global feature representation[J]. IEEE Transactions on Image Processing, 2018, 27(4): 1600-1610.

[102] LI Y, LIU D, LI H, et al. Learning a convolutional neural network for image compact-resolution[J]. IEEE Transactions on Image Processing, 2018, 28(3): 1092-1107.

[103] ZHANG L, ZHANG L, MOU X, et al. FSIM: A feature similarity index for image quality assessment[J]. IEEE transactions on Image Processing, 2011, 20(8): 2378-2386.

[104] ZHANG K, ZUO W, ZHANG L. FFDNet: Toward a fast and flexible solution for CNN-based image denoising[J]. IEEE Transactions on Image Processing, 2018, 27(9): 4608-4622.

[105] CHEN Q, SONG Z, DONG J, et al. Contextualizing object detection and classification [J]. IEEE transactions on pattern analysis and machine intelligence, 2014, 37(1): 13-27.

[106] LI Q, LIN W, FANG Y. No reference quality assessment for multiply-distorted images in gradient domain[J]. IEEE Signal Processing Letters, 2016, 23(4): 541-545.

[107] DONG X, ZHENG L, MA F, et al. Few-example object detection with model communication [J]. IEEE transactions on pattern analysis and machine intelligence, 2018, 41(7): 1641-1654.

[108] FELZENSZWALB P F, GIRSHICK R B, MCALLESTER D, et al. Object detection with discriminatively trained part-based models[J]. IEEE transactions on pattern analysis and machine intelligence, 2009, 32(9): 1627-1645.

[109] KIM J, NGUYEN A D, LEE S. Deep CNN-based blind image quality predictor [J]. IEEE Transactions on Neural Networks and Learning Systems, 2019, 30(1): 11-24.

[110] LI D, JIANG T, LIN W, et al. Which has better visual quality: The clear blur sky or a blurry animal? [J]. IEEE Transactions on Multimedia, 2019, 21(5): 1221-1234.

[111] YAN Q, GONG D, ZHANG Y. Two-stream convolutional networks for blind image quality assessment[J]. IEEE Transactions on Image Processing, 2019, 28(5): 2200-2211.

[112] DING J, XUE N, XIA G S, et al. Object detection in aerial images: A large-scale benchmark and challenges[J]. IEEE transactions on pattern analysis and machine intelligence, 2021, 44(11): 7778-7796.

[113] LI B, REN W, FU D, et al. Benchmarking single-image dehazing and beyond

[J]. IEEE Transactions on Image Processing, 2018, 28(1): 492-505.
[114] XUE W, ZHANG L, MOU X, et al. Gradient magnitude similarity deviation: A highly efficient perceptual image quality index[J]. IEEE transactions on image processing, 2013, 23(2): 684-695.
[115] MA K, LIU W, ZHANG K, et al. End-to-end blind image quality assessment using deep neural networks[J]. IEEE Transactions on Image Processing, 2018, 27(3): 1202-1213.
[116] SHEN Z, LIU Z, LI J, et al. Object detection from scratch with deep supervision [J]. IEEE transactions on pattern analysis and machine intelligence, 2019, 42 (2): 398-412.
[117] MITTAL A, SOUNDARARAJAN R, BOVIK A C. Making a "completely blind" image quality analyzer[J]. IEEE Signal Processing Letters, 2013, 20(3): 209-212.
[118] ZHOU T, FAN D P, CHENG M M, et al. RGB-D salient object detection: a survey[J]. Computational Visual Media, 2021, 7: 37-69.
[119] LI L, ZHOU Y, GU K, et al. Blind realistic blur assessment based on discrepancy learning[J]. IEEE Transactions on Circuits and Systems for Video Technology, 2020, 30(11): 3859-3869.
[120] XU J, YE P, LI Q, et al. Blind image quality assessment based on high order statistics aggregation[J]. IEEE Transactions on Image Processing, 2016, 25 (9): 4444-4457.
[121] XUE W, MOU X, ZHANG L, et al. Blind image quality assessment using joint statistics of gradient magnitude and Laplacian features[J]. IEEE Transactions on Image Processing, 2014, 23(11): 4850-4862.
[122] FANG Y, MA K, WANG Z, et al. No-reference quality assessment of contrast-distorted images based on natural scene statistics[J]. IEEE Signal Processing Letters, 2015, 22(7): 838-842.
[123] KOU F, CHEN W, WEN C, et al. Gradient domain guided image filtering[J]. IEEE Transactions on Image Processing, 2015, 24(11): 4528-4539.
[124] ZUO W, ZHANG L, SONG C, et al. Gradient histogram estimation and preservation for texture enhanced image denoising[J]. IEEE transactions on image processing, 2014, 23(6): 2459-2472.
[125] ZHANG K, ZUO W, CHEN Y, et al. Beyond a gaussian denoiser: Residual learning of deep cnn for image denoising[J]. IEEE transactions on image

processing, 2017, 26(7): 3142-3155.

[126] KANG L W, LIN C W, FU Y H. Automatic single-image-based rain streaks removal via image decomposition[J]. IEEE transactions on image processing, 2011, 21(4): 1742-1755.

[127] ZHANG L, SHEN Y, LI H. VSI: A visual saliency-induced index for perceptual image quality assessment[J]. IEEE Transactions on Image processing, 2014, 23(10): 4270-4281.

[128] SI Z, ZHU S C. Learning and-or templates for object recognition and detection[J]. IEEE transactions on pattern analysis and machine intelligence, 2013, 35(9): 2189-2205.

[129] FAN D P, LIN Z, ZHANg Z, et al. Rethinking RGB-D salient object detection: Models, data sets, and large-scale benchmarks[J]. IEEE Transactions on neural networks and learning systems, 2020, 32(5): 2075-2089.

[130] GU K, ZHAI G, YANG X, et al. Using free energy principle for blind image quality assessment[J]. IEEE Transactions on Image Processing, 2015, 17(1): 50-63.

[131] ZHANG X, WEI Y, YANG Y, et al. Sg-one: Similarity guidance network for one-shot semantic segmentation[J]. IEEE Transactions on Cybernetics, 2020, 50(9): 3855-3865.

[132] CONZE P, ROBERT P, MORIN L, et al. Objective view synthesis quality assessment[J]. The International Society of Optical Engineering, 2012(8288): 8256-8288.

[133] ZHANG L, ZHANG L, BOVIK A C. A feature-enriched completely blind image quality evaluator[J]. IEEE Transactions on Image Processing, 2015, 24(8): 2579-2591.

[134] TIAN Z, ZHAO H, SHUM, et al. Prior guided feature enrichment network for few-shot segmentation[J]. IEEE Transactions on Pattern Analysis and Machine Intelligence, 2020, 44(2): 1050-1065.

[135] MA K, ZENG K, WANG Z. Perceptual quality assessment for multi-exposure image fusion[J]. IEEE Transactions on Image Processing, 2015, 24(11): 3345-3356.

[136] ZHU Q, MAI J, SHAO L. A fast single image haze removal algorithm using color attenuation prior[J]. IEEE transactions on image processing, 2015, 24(11): 3522-3533.

[137] XU Z, SUN J. Image inpainting by patch propagation using patch sparsity[J]. IEEE transactions on image processing, 2010, 19(5): 1153-1165.

[138] TIAN S, ZHANG L, MORIN L, et al. NIQSV+: A no reference synthesized view quality assessment metric[J]. IEEE Transactions on Image Processing, 2018, 27(4): 1652-1664.

[139] TIAN S, ZHANG L, ZOU W, et al. Quality assessment of DIBR-synthesized views: an overview[J]. Neurocomputing, 2021(423): 158-178.

[140] HUANG Y, ZHOU Y, HU B, et al. DIBR-synthesized video quality assessment by measuring geometric distortion and spatiotemporal inconsistency [J]. Electronics Letters, 2020, 56(24): 1314-1317.

[141] LING S, GUTIERREZ J, GU K, et al. Prediction of the influence of navigation scan-path on perceived quality of free-viewpoint videos[J]. IEEE Journal on Emerging and Selected Topics in Circuits and Systems, 2019, 9(1): 204-216.

[142] GU K, JAKHETIYA V, QIAO J, et al. Model-based referenceless quality metric of 3D synthesized images using local image description[J]. IEEE Transactions on Image Processing, 2018, 27(1): 394-405.

[143] LI L, ZHOU Y, GU K, et al. Quality assessment of DIBR-synthesized images by measuring local geometric distortions and global sharpness[J]. IEEE Transactions on Multimedia, 2017, 20(4): 914-926.

[144] CAO Y, SHEN C, SHEN H T. Exploiting depth from single monocular images for object detection and semantic segmentation[J]. IEEE Transac- tions on Image Processing, 2016, 26(2): 836-846.

[145] STANKOVIC D, KUKOLJ D, CALLET, P L, et al. Multi-scale synthesized image quality assessment based on morphological pyramids [J]. Journal of Electrical Engineering, 2016, 67(1): 3-11.

[146] ZHANG X, ZHANG F. Differentiable spatial regression: A novel method for 3D hand pose estimation [J]. IEEE Transactions on Multimedia, 2020 (24): 166-176.

[147] HUANG S C, LE T H, JAW D W. DSNet: Joint semantic learning for object detection in inclement weather conditions [J]. IEEE transactions on pattern analysis and machine intelligence, 2020, 43(8): 2623-2633.

[148] YUE G, HOU C, JIANG Q, et al. Blind stereoscopic 3D image quality assessment via analysis by naturalness, structure, and binocular asymmetry[J]. Signal Processing, 2018(150): 204-214.

[149] ZHANG W, QU C, MA L, et al. Learning structure of stereoscopic image for no-reference quality assessment with convolutional neural network [J]. Pattern Recognition, 2016(59): 176-187.

[150] KHAN S, CHANNAPPAYYA S S. Estimating depth-salient edges and its application to stereoscopic image quality assessment[J]. IEEE Transactions on Image Processing, 2018, 27(12):5892-5903.

[151] CHEN M, SU C, KWON D, et al. Full-reference quality assessment of stereopairs accounting for rivalry[J]. Signal Processing: Image Communication, 2013, 28(9): 1143-1155.

[152] TALEBI H, MILANFAR P. NIMA: Neural image assessment [J]. IEEE Transactions on Image Processing, 2018, 27(8): 3998-4011.

[153] ZENG X, OUYANG W, YAN J, et al. Crafting gbd-net for object detection[J]. IEEE transactions on pattern analysis and machine intelligence, 2017, 40(9): 2109-2123.

[154] YAN B, BARE B, TAN W. Naturalness-aware deep no-reference image quality assessment[J]. IEEE Transactions on Multimedia, 2019, 21(10): 2603-2615.

[155] MOHAN A, PAPAGEORGIOU C, POGGIO T. Example-based object detection in images by components[J]. IEEE transactions on pattern analysis and machine intelligence, 2001, 23(4): 349-361.

[156] WELINDERP, BRANSON S, MITAT, et al. Caltech-UCSD Birds 200 [R]. CNS-TR-2010-001. California Institute of Technology, 2010.

[157] CAI Z, VASCONCELOS N. Cascade R-CNN: High quality object detection and instance segmentation [J]. IEEE transactions on pattern analysis and machine intelligence, 2019, 43(5): 1483-1498.

[158] SHEN L, FANG R, YAO Y, et al. No-reference stereoscopic image quality assessment based on image distortion and stereo perceptual information[J]. IEEE Transactions on Emerging Topics in Computational Intelligence, 2019, 3(1): 59-72.

[159] LV Y, YU M, JIANG G, et al. No-reference stereoscopic image quality assessment using binocular self-similarity and deep neural network [J]. Signal Processing: Image Communication, 2016, 47: 346-357.

[160] SIM K, YANG J, LU W, et al. Blind stereoscopic image quality evaluator based on binocular semantic and quality channels [J]. IEEE Transactions on Multimedia, 2021, 24: 1389-1398.

[161] KATSENOUS A V, DIMITROV G, MA D, et al. BVI-SynTex: A synthetic video texture dataset for video compression and quality assessment [J]. IEEE Transactions on Multimedia, 2021, 23: 26-38.

[162] LING S, LI J, CHE Z, et al. Quality assessment of free-viewpoint videos by quantifying the elastic changes of multi-scale motion trajectories [J]. IEEE Transactions on Image Processing, 2021(30): 517-531.

[163] WANG G, WANG Z, GU K, et al. Reference-free DIBR-synthesized video quality metric in spatial and temporal domains [J]. IEEE Transactions on Circuits and Systems for Video Technology, 2022, 32(3): 1119-1132.

[164] BROMLEY J, BENTZ J W, BOTTOU L, et al. Signature verification using a "siamese" time delay neural network [J]. International Journal of Pattern Recognition and Artificial Intelligence, 1993, 7(4): 669-688.

[165] WU Q, WANG L, NGAN K N, et al. Subjective and objective de-raining quality assessment towards authentic rain image[J]. IEEE Transactions on Circuits and Systems for Video Technology, 2020, 30(11): 3883-3897.

[166] HOSU V, LIN H, SZIRANYI T, et al. KonIQ-10k: An ecologically valid database for deep learning of blind image quality assessment [J]. IEEE Transactions on Image Processing, 2020(29): 4041-4056.

[167] LIU J, LIU D, YANG W, et al. A comprehensive benchmark for single image compression artifact reduction [J]. IEEE Transactions on Image Processing, 2020(29): 7845-7860.

[168] ZHANG F, MOSS F M, BADDELEY, R, et al. BVI-HD: A video quality database for HEVC compressed and texture synthesized content [J]. IEEE Transactions on Multimedia, 2018, 20(10): 2620-2630.

[169] VONIKAKIS V, SUBRAMANIAN J, ARNFRED J, et al. A probabilistic approach to people-centric photo selection and sequencing [J]. IEEE Transactions on Multimedia, 2017, 19(11): 2609-2624.

[170] JUNG Y J, SOHN H, LEE S I, et al. Predicting visual discomfort of stereoscopic images using human attention model[J]. IEEE Transactions on Circuits and Systems for Video Technology, 2013, 23(12): 2077-2082.

[171] HE K, ZHANG X, REN S, et al. Spatial pyramid pooling in deep convolutional networks for visual recognition[J]. IEEE Transactions on Pattern Analysis and Machine Intelligence, 2015, 37(9): 1904-1916.